JN011267

竹島をめぐる
韓国の海洋政策

野中 健一　著

成山堂書店

とびら写真：海上保安庁編「海上保安レポート」より

はじめに

日本政府のホームページをちょっと覗いてみよう。「内閣官房　領土・主権対策企画調整室」のホームページである[1]。そこに記されている「政府の取組について」[2]というか所をクリックしてみたい。領土および主権に関連する諸課題に対し、各省庁がどのような取組を行っているのか、確認できるようになっている。さて、ここで注目したいのが、文部科学省のサイトである（「文部科学省の取組について」[3]）。本書の題目からは、やや意外な感もあるかも知れないが、今は議論を進めたい。

同省は冒頭で「発達段階に応じた領土に関する教育」について説明している。文字どおり、小学校から高等学校まで、児童の発達段階にあわせて領土教育を行うとの方針が示されているのである。さらに同省は、平成26年（2014年）、領土教育の充実を図るため、「中学校学習指導要領解説」、「高等学校学習指導要領解説」の一部を改訂したと論じたのだった。前置きが長かったが、筆者は読者をここに案内したかったのである。

2014年1月、文部科学省初等中等教育局長が中学校および高等学校の学習指導要領解説を一部改訂する旨、通知を出している[4]。従来の中学校学習指導要領解説は2008年7月に、そして高等学校学習指導要領解説は2009年12月に公表されている。それが2014年1月、領土教育の充実のため、それらを一部改訂するというのである。それでは、具体的にどのような充実が図られたのだろうか。もちろん、それらは多岐にわたるのだが、ここで筆者はその一例として高校地理Aに注目しようと思う。実は従来の解説では明記されてこなかった「竹島の経済水域」が指導上のポイントとして取り上げられるようになったのである[5]。

ここで筆者の身分を明かしたい。筆者は海上保安庁職員である。海を生業している者として、竹島のみならず、その周辺の海に対しても関心が広がってくれれば個人的に非常に嬉しい。それこそ、高校における地理教育の充実が同島周辺海域を見つめなおす契機にでもなってくれればとさえ思う。

さて、本書はその高校の授業で触れることが無いであろう点を取り上げている。韓国の海洋当局等が竹島周辺海域において、いかなる動きを見せているかを論じようと思うのである[6]。文部科学省が領土教育の充実を訴えて「竹島の経済水域」をいくら取り上げげたとしても、韓国側は、同島周辺において相変わらず各種の動きを見せ続けている。本書が彼等の動きに関心を抱く読者に対し少しでも役立つ知見を提供することができるのであれば、筆者自身、望外の喜びである。

なお、本書の議論はどこまでも筆者個人の見解である。筆者が所属している組織－すなわち海上保安庁－の見解とは一切関係ないことを強調しておく。

2021年1月

野中 健一

目　次

contents

序章

1 カイケイチョウ

「竹島問題について教えてもらえませんか」

個人的なことを記したい。筆者は2007年4月、海上保安大学校に着任した。ここで当時のタイミングを確認しておこう。2005年から2006年、竹島周辺海域は緊張感を抱えていたのである。2005年3月には島根県議会が「竹島の日」を制定し、同年6月には日本の民間人を搭乗させた船が竹島に向かってしまう。2006年4月と7月には日韓両政府が竹島周辺海域における海洋調査をめぐって対立したのだった。筆者が入庁したのは、そのような時期だったのである[1]。

さて、冒頭の質問である。筆者が着任してさほどときが経過していなかった頃だと思う。上記質問を当庁職員から受けたのだった。大変心苦しいのだが、今となっては、それが誰だったか、あるいは、どのような状況で質問を受けたのかさえ覚えていない。しかし、そのような質問を受けたことだけは記憶に残っているのである。

筆者は、自らの学歴、職歴を見ても三十代半ばまで海とほとんど縁を持たない日々を送ってきた。そのうえ、入庁してさほどときが経過していない状況である。海上保安庁業務に関する知見もほとんど持っていない。そのような中、冒頭の質問を受けたのである。

さて、実は筆者自身、海上保安大学校で職を得るまで島根県立大学で助手をしていた。在籍当時、同大学は竹島問題の研究に力を注いでおり、その成果に接する機会もあった。以上の経験もあり、筆者自身、職員に対し先行研究の成果を例示しながら説明したことを覚えている。しかし、反応は今ひとつだった。職員が期待していた内容と異なる説明を行っていたのである。

筆者の説明後、相手は口を開けるのだった。竹島周辺で「カイケイチョウ」の船を見たことがあるという。そして当人自身、韓国政府がそこで何をしようとしているのか知りたいというのである。それは「竹島周辺海域を日本から守ろうとしている」などという一般論ではなく、より具体的なことが知りたいとのことだった。職員自身、韓国政府が行っている政策の全体像も、何が論点となっているのかもわからず、何やらもどかしさを感じていたようである。しかし、それら言動に接した筆者はどうしようもなく気まずい思いをしたのだった。まず、「カイケイチョウ」とは何か。恥ずかしながら、筆者の理解水準はその程度だったのである。そして当然のことながら、まともな返答などできるはずがないのである。

2　韓国の海上法執行機関

ここで少しばかり説明が必要であろう。韓国には海上法執行機関がある。その名を海洋警察庁という。これが「カイケイチョウ（海警庁)」の正体となる。そして、それに所属する警備艦が竹島近海を巡回しているのである。なお、海上保安庁の巡視船もまた同島近海を哨戒しており[2]、前述の職員による体験はこの点を論じているのだった。ただ、今はそのことを少し脇に置いておいて、同庁に関する簡単な説明をしておこう。

1996年8月、海洋警察庁が海洋水産部の外庁として設置された[3]。そしてその設置根拠は同時期に改正された政府組織法第41条第3項に求められたのである。以下がその文言である。参照されたい。

> 「海洋での警察および汚染防除に関する事務を管掌するため、海洋水産部長官に所属する海洋警察庁を置く」[4]

以後、同法はたびたびの改正を経るのだが、2020年6月に改正されたものを確認しても、第43条第2項に同じ文言がある[5]。海洋における警察活動および防除業務こそが同庁の存在理由となるのである。

さて以上の流れとは別に、2019年、海洋警察法が韓国で制定される。そして、同法第1条では目的を、そして第2条では海洋警察庁の責務が規定されるようになったのである。以下、第1条および第2条2項を確認しておこう[6]。

第１条

この法は、海洋主権を守護し、海洋安全と治安確立のため、海洋警察の職務と民主的で効率的な運営に必要な事項を規定することを目的とする。

第２条２項

海洋警察は大韓民国の国益を保護し、海洋領土を守護し、海洋治安秩序維持のため、必要な措置と制度を準備しなくてはならない。

さて、ここで海洋警察庁が発刊した『海洋警察法解説書』（以下、『解説書』とする）に依拠して、彼等の主張を確認しよう。まず、なぜ政府組織法が存在するにもかかわらず、わざわざ海洋警察法を制定したのだろうか。『解説書』によれば、政府組織法で記されている点 –海洋での警察および汚染防除に関する事務の管掌– だけでは、海洋警察庁が執り行う職務の限界が不明確であったというのである[7]。それゆえ、新法にあっては、従来の政府組織法で明示されてこなかった職務をも付け加えるようになったのであった。

それでは第１条を確認しよう。ここで海洋警察庁は「海洋主権を守護」する旨、規定している。なお、問題はその意味するところであろう。実は『解説書』ではその具体的な例として竹島の主権的権利保護を挙げているのである[8]。

彼等は冒頭の第１条から竹島を意識しているのだが、この流れは第２条第２項でも見て取れる。「海洋領土の守護」が掲げられているのである。それでは、そもそも「海洋領土」とは何か。『解説書』によれば、これは「領海、接続水域および排他的経済水域等、大韓民国の法令と国際法にしたがい、大韓民国の権利と管轄権が認定される海域を意味する用語」[9]である。それでは、その「海洋領土の守護」の具体例として何があるのだろうか。ここでも竹島問題は健在であり、『解説書』は「日本（および中国）の、竹島（および離於島（イオド））近隣海域での科学調査遮断」[10]を挙げている。

この海洋警察法は2019年８月20日に制定され、2020年２月21日に施行された。ただ、同法をもって海洋警察庁が急に竹島警備を論じだしたわけでもないのである。本書で取り上げるように、海洋警察庁は竹島警備を新法制定以前から行っていたのであった。いわば、海洋警察法制定により「海洋主権守護」、「海洋領土守護」を明文化し、従来から行ってきた竹島警備業務を一層前面に出したのである。現在、海上保安庁が竹島近海で対峙する海洋警察庁とは、以上のような点を国内法によって規定されている組織なのである。

3　本書の問題意識

さて、議論を冒頭の質問に戻そう。あれから、だいぶ時間が経過した。筆者は本書をとおして、あの職員に遅ればせながら返答をしたいと思うのである。ただあのとき、筆者が受け取った質問は -すなわち、韓国が竹島周辺海域で何をしようとしているのかという質問は- やや漠然とした問いかけであった。それゆえ、議論を進めるため、問題意識を以下のように少しばかり整理し直したいと思う。

韓国の海洋当局（海洋水産部／国土海洋部／海洋警察庁）と外交当局[11]は竹島周辺海域を取り扱う際、日本の何に対し不満を持ち、それにどのように対処してきたのだろうか。これが本書の問題意識である。筆者は本書をとおして、この点について議論を展開し、答えを出したいと思うのである。

さて、ここで我々にヒントを与えてくれる資料を提示したい。「海洋警察庁総合状況室運営規則」[12]という例規である。これは海洋警察庁のオペレーションルーム運営規則なのだが、そこで「重要状況」[13]なるものを定めている。これは彼等自身、緊張度が極めて高い事態を類型化したものとなる。

さて、この「重要状況」だが、合計22類型存在する。ただ、ここではその中から、竹島周辺海域と関連しそうな事態を文書ごと抜粋したい。それが以下3点である。

一　竹島領海侵犯または離於島海洋科学基地侵害事件。
二　韓国水域内で外国公船の無許可（無同意）の海洋科学調査。
三　外国公船、航空機の韓国調査船の調査妨害。

上記3点こそ本書執筆時現在、海洋警察庁が組織を挙げて「重要状況」と公認した事態である。そしてそれらを確認したとき、4つのキーワードが見えてくるだろう。領海、海洋科学基地[14]、韓国水域、そして海洋科学調査である。韓国の海洋当局と外交当局は竹島周辺海域を取り扱う際、日本の何に対し不満を持ち、それにどのように対処したのか。このような問題意識を念頭に韓国政府の行動を理解しようとするとき、この4つのキーワードが重要となってくるのである。そして事実、同国政府はこれらを「重要状況」と認定しただけのことはあり、これら4点を日本と関連させて重点的に国会等で論じてきた経緯がある。以上より本書はこの4つの側面に注目して、議論を展開しようと思う。

4　本書の構成

ここで本書が扱う点を章ごとに以下、列挙してみたい。それぞれのテーマにおいて彼等が抱いた対日不満と対処結果を取り挙げようと思う。

第1章では「韓国水域」に注目しよう。さて、日韓の海上境界は確定されていない。海洋警察庁は「韓国水域」なるものを守ろうとしているわけだが、そもそも日韓の海上境界－排他的経済水域（EEZ）の境界－は合意されていないのである。それゆえ、彼等が守ろうとしている竹島周辺海域にあるとされる「韓国水域」とは日本政府が認めたものではなく、あくまで韓国当局が一方的に訴えている境界である。それでは韓国自身、いかなる境界を想定しているのだろうか。本章はこの点について論じたい。

第2章では、「領海」や「韓国水域」の海上警備に注目しよう。2005年、2006年、竹島周辺海域が緊張感に包まれた。2005年において日本の私船が竹島に向けて出港してしまい、2006年には海洋調査をめぐって日韓両政府が対立するのである。これらを経て、韓国政府は日本の私船、公船への対処策を論じるに至ったのであった。本章では当該時期、彼等がいかなる海上警備体制を準備したのかを明らかにしようと思う。

さて、第3章では「海洋科学調査」に注目しよう。韓国は島根県による「竹島の日」制定を契機に、同島周辺海域における調査事業を立法化することとなる。ただ、そこに至るまでの歴史的経緯があったことも強調しておきたい。

本章は彼等がいかなる考えのもと海洋調査事業を竹島周辺海域で行うに至ったのかを提示しようと思う。韓国による竹島近海調査は表面的に表れる現象なのであって、その背後にある彼等の意図を浮かび上がらせたいのである。

第4章では「海洋科学基地」に注目しよう。本章の（「序章」の）注14でも説明しているが、離於島海洋科学基地は中韓間の懸案事項である。しかし、それゆえに竹島周辺海域を論じる際、海洋科学基地問題を無視して良いわけでない。韓国政府は過去、竹島周辺海域にも海洋科学基地を建設しようとしたことがあるためである。それゆえ、当該問題は長らく韓国の国会でも取り上げられてきたのであり、その際、討論を通じて日本への不満等が明らかとなったのであった。本章は他章と異なり、海洋科学基地という竹島周辺海域では表面化していない問題－潜在化している問題－について取り上げてみようと思う。

第5章では再び「海洋科学調査」に注目しよう。竹島近海調査をめぐる議論は第3章で完結するわけでない。本章では近年、韓国の国会が行っている対日批判を念頭に、同問題を検討してみようと思う。いったい彼等は日本の何に対し不満を抱いているのか。そしてそれに対し、いかなる対処策を論じたのだろうか。この点を明らかにしたいのである。

最後に第6章では、以上の議論の背景にある本書の方法論について取り上げようと思う。筆者がどのような手法に依拠して議論を展開したかを明らかにすることにより、読者が本書を理解する際の一助にでもなればと思っているのである。いわば補論として参照していただければと思う。

5　本書が想定している読者

さて、すでに指摘したように、本書執筆の背景には筆者の個人的体験がある。それは、今となっては名前も顔も失念してしまった、ある海上保安庁職員との対話である。ただ、それゆえ、本書自身、当該人物以外の者を読者として排除するというわけでもない。筆者自身、研究対象として竹島に注目するようになった契機とは関係なく、本書を以下２種類の読者に提示したいと思っているのである。第一に、（これは当然のことかも知れないが）竹島問題と業務上接点を有する海上保安庁職員である。各職員はすでに個別の案件に関する業務上の知見を有しているものと考えるが、本書を通して竹島近海をめぐる韓国当局の言動をも検討していただければと思う。本書で扱っている内容は、業務を遂行する際の背景知識となり得ると考えるためである。そして第二に、竹島問題に関心を抱いている一般読者である。第6章においても触れるが、竹島周辺海域をめぐる韓国の海洋当局等の動向に主眼を置いた研究は日韓双方において極めて限られている。仮に当該問題に関心を抱いたとしても、なかなか参考となるような研究成果が出てこないのではないだろうか。そのような状況下、本書が海から見た竹島問題に関する知見を少しでも一般の読者に提供できれば非常にありがたい。

さて、それでは、そろそろ本論に移りたい。上記2種類の読者を念頭に、筆者自身、筆を進めようと思う。以後、少しばかり潮気のある議論にお付き合い頂きたい。

第1章 竹島近海の日韓EEZ境界

1.1 日韓のEEZ境界

議論を始めるに当たり、ひとつの事例を挙げるとしよう。2017年5月17日、竹島近海のわが国の排他的経済水域（EEZ）内で韓国の海洋調査船がワイヤーのようなものを海中に投入しているのが確認された[1]。外務省は韓国政府に対し、わが国の同意のない調査をしているのであれば受け入れられない旨、抗議している。

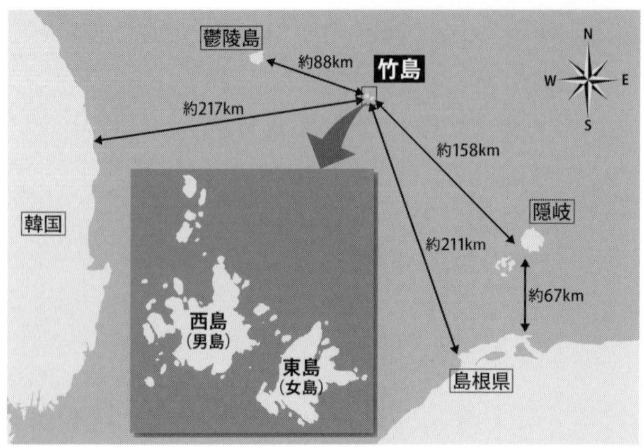

図1-1　竹島の姿[2]（上）と位置[3]（下）

さて、以上の議論を理解するには、ある前提知識が必要である。そもそも日韓のEEZ境界はどこにあるのか、という点である。竹島の領有権をめぐって日韓が対立している点は多くの読者がすでに知っていることだろう。ただ、それに付随する形で同島近海におけるEEZ境界もまた、日韓間の立場の相違により本書執筆時現在、いまだ確定していないのである。それゆえ、竹島近海には日韓双方の政府がそれぞれ要求している中間線がある、というのが実態である。いずれにせよ、両政府が（竹島を基点とした領海は当然のこととして）同島周辺のEEZも一定の海域だけ、相手国に対し要求しているのである。

ここで図1-2を参照されたい[4]。これは日韓EEZ境界に関するイメージである。そして、そこには3本の線が引かれていることがわかるだろう。❶は竹島－鬱陵島（ウルルンド）中間線、❷は隠岐諸島－鬱陵島中間線、そして❸が隠岐諸島－竹島中間線である。

日韓のEEZ境界を決定するうえで中間線を引く際、どこを基点とするべきだろうか。それを置く場所により、日韓のEEZ境界は図にあるように変化してしまい、結果としてそれぞれの管轄海域の範囲も変わってしまうのである。

それではなぜ、3つの中間線があるのだろうか。ここで国連海洋法条約に注目しよう。同条約の第121条によると、「島」と異なり、「岩」であればEEZ（および大陸棚）を有しない旨、論じている。図で示されている3本のEEZ境界は、同条の存在を前提としているのである。

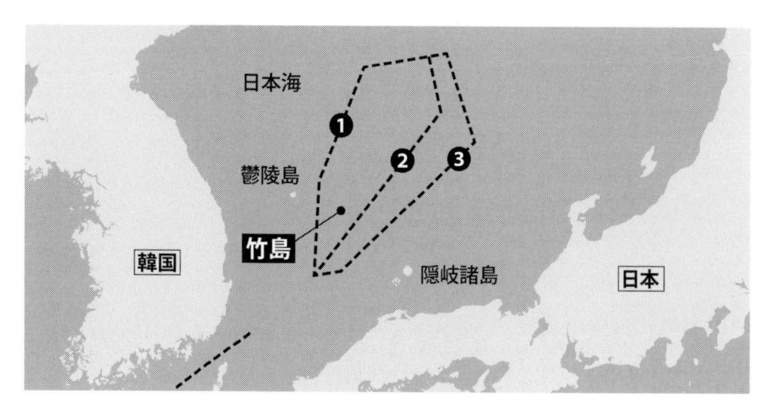

図1-2　竹島近海における日韓EEZ境界

ここで、それぞれの中間線が意味するところを確認、整理しておきたい。

中間線❶

竹島を「島」であると見なしたうえで（それゆえ、竹島をEEZの基点と見なしたうえで）かつ同島が日本領であると捉えた場合の中間線（後述するが、日本政府はこの立場である）。竹島と鬱陵島の中間に線が引かれる。

中間線❷

竹島を「岩」と見なした場合の中間線。竹島が条約上の「岩」であった場合、そもそも同陸域自身EEZ基点とはなり得ない。それゆえ、日韓双方は竹島に触れることなく、隠岐諸島と鬱陵島の中間に線を引けば良いこととなる。

中間線❸

竹島を「島」であると見なしたうえで、かつそれが韓国領であると捉えた場合の中間線。それゆえ、隠岐諸島と竹島の中間に境界が引かれる。

結局、どの立場をとるかにより、日韓双方の管轄海域は大きく異なってくるのである。それでは韓国政府自身、どのような立場をとってきたのだろうか。彼等自身、竹島を韓国領と見なしているので、少なくとも中間線❶ではない。それでは彼等自身、竹島を「岩」と見なしたうえで❷を主張したのだろうか、それとも「島」と見なしたうえで❸を要求したのだろうか。結論を先に指摘すると、実は時期により異なるのである。彼等の説明によれば、当初、竹島は「（事実上）岩」であった（「事実上」と指摘した理由は後述する）。しかし2006年、それは「島」になったのである。これは日韓境界に関する主張が❷から❸に移動したことを意味する。以下、韓国政府が要求する日韓境界を明らかにするため、国連海洋法条約第121条に関する彼等の言説を時系列的に見ていくこととしたい。

1.2 国連海洋法条約批准前後の条約解釈

1995年11月16日、韓国の国会本会議が従来の「領海法」を改正し「領海および接続水域法」を通過させた（法改正日は同年12月6日、施行は1996年8月1日）[5]。これにより同国は接続水域を設定したわけだが[6]、その直後の1995年11月29日、韓国国会で竹島問題が表面化しているのである。

この日、政府は新たな領海制度等について国会で説明している[7]。その際、EEZにも議論が及んだのだった。同水域に関する政府説明の後、李萬燮委員が質問をしている。日本（および中国）が主張するEEZと韓国のそれが重なった場合どうするのか、というのだった[8]。

これに対し、趙商勳外務部条約局長が「周辺国家と国際法にしたがい協議をするようになっております」[9]と一般原則を論じたのだが、孔魯明外務部長官自身、その指摘にさらなる説明を加えて「まずは第一に、基線に対する合意をしなくてはなりません」[10]と答弁したのだった。そして、このとき、長官は竹島問題を持ち出したのである。

「ひとつ参考までに申し上げれば、万一我々が日本海側における経済水域を宣布する場合、私達は、鬱陵島が基線になります。竹島は基線になり得ず、鬱陵島が基線になり、日本は壱岐が基線となります。そのようにして、（線を−筆者注）ひけば、竹島は私達の経済水域に入ってくるようになります。とても面白い現象になるでしょう」[11]

まず、一点指摘しておきたい。長官は「壱岐」と論じたが「隠岐」の言い間違えであろう。壱岐は対馬南方にあり、竹島、鬱陵島と地理的に離れているため、説明がつかない。また、韓国政府が対馬を韓国領と見なしたうえで日韓海上境界として対馬－壱岐中間線を主張しているとの解釈は成り立ち難い。確かに韓国では対馬を取り上げたうえで、同島が韓国領であると論じる人びとがいるが、韓国政府自身、対馬は日本領である旨、たびたび国会で答弁しているためである[12]。また、以後の韓国政府による発言を見ていくとき、彼らは日本との中間線問題を論じる際、隠岐と鬱陵島をセットで論じている[13]。

さて、以上を踏まえたうえで長官の発言内容を今一度確認したい。同氏は竹島問題を取り上げ、「とても面白い現象になるでしょう」と論じていた。この発言の趣旨は何だろうか。

ただ、ここですぐ結論に飛びつくようなことはせず、まずはこれに続く事件も検討しておこう。実はこの翌年の1996年2月、竹島問題が日韓間で論点になったのである。韓国政府が竹島において接岸施設工事を実施していたことを日本政府が問題視したのだった。池田行彦外務大臣自身、2月9日に「竹島は日本固有の領土で、韓国側の接岸施設工事は日本の主権に対する侵害であり、認められない」[14]と論じている。これに対し、韓国政府は反発し同日、外務部スポークスマンが「我々の正当な主権行使」[15]である旨、声明を出したのだが、ここで注目したいのは、2月13日の孔魯明長官による説明である。彼によれば、日本政府が竹島問題を提起した理由はEEZの問題と関係があるというのだった。以下、同氏の発言である。

「まず、このたびの事態の発端は日本の排他的経済水域宣布と関連した動向から始まったと言えます。すなわち最近、日本が国連海洋法条約批准のため、日本国内の手続きを取りつつ、200海里の排他的経済水域を全面的に設定するとの方針が日本の言論で報道されており、竹島に対する関心が浮き彫りとなった状況下、我々の竹島接岸施設工事に対し日本側が異議を提起して、これに我々が強硬対応するようになったのです」[16]

孔魯明長官自身、1995年の発言といい、1996年の事件といい、竹島問題を論じる際、EEZ（排他的経済水域）をキーワードとしているのである。これはどういうことなのだろうか。まず当時の日韓を取り巻いた時代背景を知る必要があるだろう[17]。1996年1月29日、韓国政府は国連海洋法条約を批准している。また、韓国政府はEEZ設定のため、国内法の立法化作業にも当たっていたのである（「排他的経済水域法」）。

そのほか、同年2月20日、外務部長官による200海里宣布推進方針が声明として出される[18]。その同じ日に、日本では閣議でEEZ宣布推進方針が発表された。この流れを受けて同年8月13日、第一次日韓EEZ境界画定会議が開催されたのである。

当該時期、日韓両政府はEEZの設定を推し進めていたのだった[19]。そして李萬燮委員が懸念したように、双方で200海里を設定した場合、重複海域が生じてしまうのである。そもそも1995年12月段階で、日韓の外交当局は会合を有しており、その際、日本側からEEZに関する推進方向の説明もあったのだった[20]。このように、国連海洋法条約批准の動きが両国である中、韓国政府は竹島問題を、新たな海洋秩序形成問題という枠組の中で捉えていたこととなる。孔魯明長官が答弁したように、「日本がこのたび、竹島領有権を提起したのは（中略）将来、排他的経済水域設定における有利な立場を確保するという意図があるものと見られます」[21]というのが韓国側の理解であったのである。

以上の背景があればこそ、韓国国会では、EEZの日韓境界画定問題が争点化されるのである。事実、1996年2月13日、国会でこの点が論じられている。鄭夢準（チョンモンジュン）委員が日韓海洋境界画定時、竹島が日本側海域に入る可能性があるのか質問をしているのである。これを受けて、孔魯明長官は「いかなる場合にも日本の経済水域に竹島が含まれる、そのような境界画定は私達が合意できないという点を、はっきりと明らかに致します」と論じている。[22]

このやり取りから1995年以後続いている孔魯明長官による発言を理解できよう。EEZの境界画定を日韓間で行った場合、竹島は韓国側海域に入るのか否かが韓国政界で論点になっていたのだった。それでは1995年に長官が指摘した「竹島は基線になり得ず、鬱陵島が基線になり」とは何のことなのだろうか。そして、なぜ「竹島は基線になり得ない（EEZを設定するうえでの基点たり得ない）」との論理が出てきたのだろうか。

ここで想起すべきは国連海洋法条約第121条である。同条を使うことにより、領有権問題に触れることなく、場合によっては柔軟な論理を主張できる抜け道を見出し得るのであった。この点を以下、論じよう。

1996年7月24日、韓国政府は国会に排他的経済水域法案を提出している。その際、専門委員[23]による解説がなされた。まず、同法では境界画定方法として中間線原則をとると論じている。そのうえで、その有利性に関し説明が加えられた。日本海、黄海方面では中間線原則が韓国側に有利に働くものの、韓国南方海域に限って論ずれば、政府が設定している第七鉱区（次頁の図1-3を参照。「Ⅶ」と記されている海域）[24]が存在しており、それが中間線を越えてしまっていると説明されたのだった。

さて、そのうえで、ここでも論じられたのが竹島問題である。ここで専門委員は、竹島を「島」と見なすか「岩」と見なすかは韓国国内でも意見が割れている点を論じている[25]。ただ、同島を「岩」と見なしておけば、隠岐－鬱陵島中間線を取ることができ、その場合、結果的に、竹島が韓国側の水域に入る点を論じている（すなわち同中間線の西側に竹島が位置することになる）。

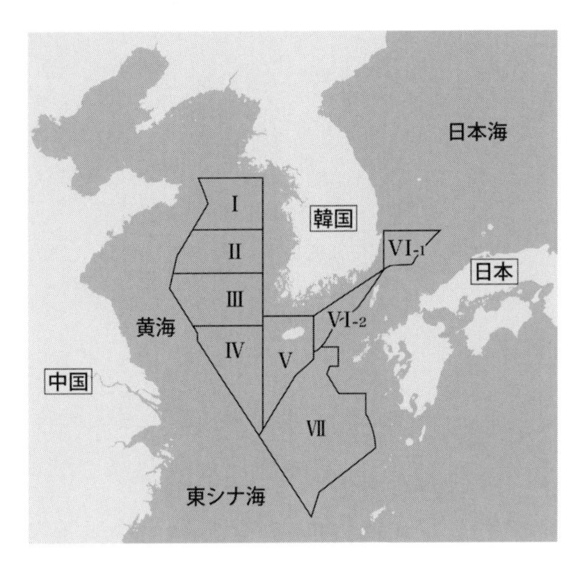

図1-3　第七鉱区の位置[26]

一方、「島」と見なした場合、韓国国民の情緒のうえでは評価もできようが、その場合、日本政府もまた竹島を「島」と主張したうえで、EEZを設定するだろうとも論じたのだった。その場合、両国の意見の相違がより明白となり、結果として竹島周辺が国際紛争水域化してしまう恐れにも言及している。それはかえって竹島は韓国領であるという韓国政府の立場に影響を及ぼしてしまうかもしれないというのだった。そのうえで、委員は竹島を「岩」とすべきか「島」とすべきか報告しなかったものの、同陸域を韓国側水域に入れておくことの重要性だけは指摘している。

それでは韓国政府自身、竹島を「島」と見なしたのか「岩」と見なしたのか。確かに彼等自身、一時的に迷いがあったようにも見受けられる。たとえば（孔魯明外務部長官自身、竹島は「岩」である旨、事実上認めていた1995年の発言と異なり）1996年2月には、EEZと領有権は「密接に関連している」との見解を発表していたためである[27]。しかし、それ以後は後述するように、閣僚級の人物を含めた政府幹部が竹島は「(事実上）岩」である旨、論じるようになるのであった。いわば竹島の領有権は主張し続けるものの、EEZの基点としては取り扱わないとの立場である。

ただし、ここで一点、問題がある。韓国の国会で紹介された上記作戦が成功するためには日本側も竹島を「岩」と捉えておく必要があるのである（隠岐－鬱陵島中間線で双方が合意するということは、竹島が両者から「岩」と見なされていることを意味する）。この点に関して論ずれば、日本政府は韓国の期待どおりに行動しなかった。条約批准直前たる1996年6月4日、参議院で海洋法条約等に関する特別委員会が開催されている。そこで、以下のような政府答弁があったのである[28]。

本岡昭次委員

「竹島というのは海洋法条約上の島ですか岩ですか？」

谷内正太郎外務省大臣官房審議官

「私どもとしては大陸棚、経済水域を有する島であるというふうに考えております」

竹島は「島」である。これこそ条約を批准するに当たり日本政府が国会に示した立場であった。それゆえ、先ほどの専門委員が韓国の国会で議論を展開する約1か月前、日本の国会ではすでに竹島が「島」である旨、説明されていたこととなるのである。しかし、韓国政府は当該時期、同陸域を引き続き「岩」であるかのように扱い、かつ日本側に路線修正を呼びかけていたことも確認しておこう。たとえば1996年11月には李祺周（イギジュ）外務部次官自身「わが政府は竹島が我々の固有の領土として、我々の排他的経済水域内に竹島が含まれるべきだという確固たる立場を持っており、将来もそのように堅持していくでしょう」[29]と論じている。これは逆に見れば、同島を基点とする考えを明確にしていないのである。そのうえで、以下のようにも論じたのだった。

「私達も（日本側とは－筆者注）水面下で話をしておりまして、たとえば竹島が日本側の水域に入るものとして日本側が提案をした場合、これは日韓関係に本当に爆発物になる危険性があると警告をしております」[30]。

日本政府が竹島を自国のEEZに入れるためには、同陸域を「島」と解釈しておく必要がある。彼等は日本政府に対し、「爆発物」という表現を使ってまでして、竹島を「岩」として扱うよう訴えていたのだった。

さて、以上の流れから見えてくるように、韓国政府は学問的な課題として第121条の解釈問題に取り組んだわけでない。むしろ、どのような基点設定を行ったら韓国が有利なのかという極めて打算的な議論が必要とされるのだった。事実1997年5月、柳宗夏(ユジョンハ)外務部長官は「日本とは、我が鬱陵島と、あちらの隠岐島と、その中間線を引くことが私たちに最も有利です」[31]と国会で答弁している。また同時に「今、竹島を我が領土だから、そこから（線を－筆者注）引くとすれば日本もそこから引く、このようになり、最初からこれは、今、紛糾の対象になる可能性があります。したがって、今、私たちは竹島が韓国のEEZの中に入ってくれば良い」[32]とも論じていたのであった。

すなわち、竹島を韓国側海域に引き込みたい、そしてEEZの境界を画定する際、紛糾させたくない[33]との思いからすれば、竹島は基点たり得ない「岩」、そして鬱陵島は基点たり得る「島」との結論が出されるのである。そうすれば、すでに指摘したように、結果的に竹島は中間線より西側、すなわち韓国側海域に入ってしまうという「とても面白い現象」が起きるのであり、彼等にとり「最も有利」な状況となるのだった。

1.3 日本政府による日韓漁業協定破棄

前節では韓国政府が論じた、EEZをめぐる条約解釈を取り上げた。ただ、ここで大きな環境変化が生じるのである。1998年1月、日本政府は日韓漁業協定（旧・漁業協定）破棄を通告したのだった。これを受けて同年11月、新しい漁業協定が両国間で署名されるわけだが（発効は翌年1月）、この時期、従来から論じられてきた条約解釈に若干の変化が生じるのである。竹島が「(事実上) 岩」であるという点に変化はない。しかし、追い詰められた末に「(事実上) 岩」とせざるを得ない状況になるのである。彼等の条約解釈を取り巻く環境変化に着目しよう。

議論を展開するに当たり、当時の時代背景を今一度、確認しておきたい。当時、国連海洋法条約発効により、新たな海洋秩序をいかに形成するかが争点となっていた。問題はEEZの境界を日韓間で決めることが困難な点にある。竹島領有権を双方が主張しているためである。日本政府がEEZの基点として竹島を主張した瞬間、韓国側はそれを拒否することとなり、議論が進まなくなるのであった。そうであればこそEEZの境界画定交渉ではなく、漁業交渉を先行して行い、新たな協定締結を目指すことが現実的であったわけである。

さて、韓国政府の説明によれば、1996年5月段階では日本政府自身、EEZの境界確定交渉をした後に漁業交渉をしたいと訴えていたとのことである[34]。しかし1997年3月、日本側は立場を変え、漁業交渉を先行して行いたい旨、主張するようになったという（そして同年7月20日までに合意できない場合は現行の旧・漁業協定破棄を示唆したのだった）。

漁業交渉を要求する日本政府。事実、日本側は韓国政府に対し、新たな漁業協定に関する案も出したのであった。しかし日本政府による「暫定水域案」では韓国側の竹島領有権に影響を及ぼし得るとして彼等自身、反対の立場を表明したのである[35]。

かかる状況下、1998年1月23日、日本政府はとうとう旧・漁業協定の破棄を通告したのだった[36]。そして、この事態を受けて韓国側は、無協定状態の恐ろしさを実感することとなるのである。以下、1998年11月5日、すなわち新・日韓漁業協定署名直前になされた洪淳瑛（ホンスンヨン）外交通商部長官の指摘である。

「このたびの協定（新・漁業協定－筆者注）が妥結しなかったならば、来年1月23日から無協定状態になるでしょう。無協定状態とは、法の空白状態を言うのではありません。日韓両国の排他的経済水域の関係法が両国の排他的経済水域に適用されるのです。両国が各々中間線までを自国の排他的経済水域と見なして法執行をしたり、両国間に排他的経済水域の境界が画定されず、中間線がどこになるのかに関する両国間の立場の差が大きかったりするため、多くの問題が招来されるでしょう。

第一に、竹島周辺水域には両国がお互い、自国の排他的経済水域であると主張する水域が重なっており、両国の法が競合し、適用されるでしょう。そのようになれば、竹島領海周辺水域でお互い、相手の漁船を取り締まり、拿捕する漁業紛争が発生するようになるでしょう。このような漁業紛争は結果的に、竹島領有権紛争に飛び火する素地があります。したがって、無協定状態は竹島で我々が平穏で、持続的な主権行使をするとき、大きい障害となるでしょう[37]。

第二に、無協定状態になれば、漁業実益上、韓国にとって絶対不利になります。今、我々の漁船が中間線を越えて日本側の海域で操業する方が、日本漁船が韓国側海域で操業するより、かなり多いのですが、無協定状態になれば、現在のように操業できるのではなく、中間線以遠の水域からすべて撤収するか、入漁許可を受けて、入漁料を出し操業をしなくてはなりません。のみならず、伝統的操業実績も一切認定を受けることができないようになります。

このような点を考慮するとき、日本側で無協定状態が良いという主張は漁業実益と言う狭い視角から見れば一抹の妥当性がありますが、わが国で無協定状態が良いという主張は『無協定状態になれば65年度漁業協定（旧・漁業協定－筆者注）に基づいた現在の操業秩序がそのまま延長され、日本海が公海として残っている』と錯覚しているためです。現在の状態は長くて来年の1月23日まで持続します」[38]

旧・漁業協定の破棄は韓国政府に大きな問題を突きつけたのだった。それは、竹島近海における日韓境界問題を表面化させてしまったのである。ここで図1-2を再確認されたい。日韓両政府、それぞれが竹島近海において中間線を引いている。日本政府は竹島を日本領と見なしたうえで、「島」と捉えている。一方、韓国政府は竹島を韓国領と見なしているものの、「（事実上）岩」と捉えていた。ここで無協定状態が生じた場合、中間線❶と中間線❷の間の海域において、日韓双方が自国の国内法を適用することとなる。かかる状況下、日本の海上保安庁、韓国の海洋警察庁が同海域において法執行をしだしたら、竹島周辺海域はまさに紛争海域として鮮明さを増し、ひいては領有権問題への飛び火もより容易となってしまう。竹島を法的に、どのように整理するべきか。この時期、彼等は漁業協定に議論を限定することなく、再びこの法的論争を活発化させることとなるのである。以下、その整理をめぐる彼等の言説を確認していくこととしよう。

さて彼等自身、旧・漁業協定の破棄を通告されたものの、それゆえ、竹島領有権を諦めるわけでもない。そのため、自らの立場を毀損することなく、日本側と早急に妥結する必要があったのである。かかる視点から見たとき、1998年11月5日に示された外交通商部の指摘は象徴的であった[39]。まず、政府の目標はあくまで韓国側のEEZに竹島を入れることにあると明言したのである（このような主張はその後も継続して見られる[40]）。そのうえで「政府は海洋法条約、第121条第3項の規定により、現在、竹島を『排他的経済水域を持たない岩』と解釈しているところであり、このようにすることが名分と実利面で、我々に有利」[41]であると説明したのであった。

それではなぜ、竹島を「岩」と解釈することが彼等にとり有利なのか。韓国政府自身が認定した理由として2点あげられる。第一に、仮に竹島をEEZの基点とした場合、日本政府が竹島領有権を放棄しない限り、境界画定交渉ができなくなる。それを受けて、竹島周辺海域は紛争水域と化し、結果として境界画定問題が領有権問題に飛び火してしまうというのだった。一方、同陸域を「岩」と解釈した場合、EEZの問題を領有権問題と切り離すことができ、さらに日本側が竹島は日本領である旨、継続して主張したとしても、隠岐－鬱陵島の中間線で合意できれば（すなわち、日本政府が竹島を「岩」と認めれば）、結果的に竹島が韓国側海域に入ってくるのである。また、このとき、彼等が名分として挙げた国際法上の根拠が、英国のロッコール（Rockall）島に関する件である。同国政府は当該陸域を基点としたEEZを放棄したものの、その領有権は影響を受けなかったというのだった。

第二に、今後の対日、対中交渉への影響である。東シナ海、南シナ海には日中双方の無人島がある。ここを基点に、日本、中国両政府は韓国政府に対し、より広いEEZを要求していたのだった。ここで韓国政府自身、竹島のような特徴を有する陸域でもEEZの基点たり得ると訴えた場合（すなわち「岩」ではなく「島」と認定した場合）日中両政府に、より広い水域を主張するうえでの口実を与えてしまうとの危惧を有していたのだった（韓国政府が仮に竹島のような特徴を有する陸域をもって「島」たり得ると主張したとしよう。その場合、今後、日中双方もまた東シナ海に点在する陸域を「島」たり得ると一層主張するかも知れない。これは韓国自ら、EEZの基点を日中両政府に与えるような行為となり、韓国側水域の減少に繋がる）。

この第二の点についてはさらなる説明が必要であろう。韓国政府自身、日中両政府を前にして、ただ単に広い水域が欲しいという立場だけで問題を捉えていたわけでない。実は済州島（チェジュド）南部水域の海底資源問題があったのである。これに関する説明を尹炳世（ユンビョンセ）外交通商部アジア太平洋局審議官が説明している。以下、参照されたい。

「済州島南部水域に私たちがとても重視する、経済的にとても有用な鉱物資源水域があります。現在、南部大陸棚の共同開発水域の一部ですが、この水域で日本が無人島を基点として、また中国が無人島を基点として200海里を主張しています。私たちが万一、竹島で200海里を主張する場合、中国と日本が自動的にこのような無人島に対し200海里を主張してきて、石油資源がとても多く出る可能性があるこのような水域に対し、日本と中国に有利な結果を前もってあげてしまう状況になってしまいます。したがって、私達は名分上もそうで、実利上もそうで、日本と中国に対しこのような結果を招来するのは望ましくないと考えるため、一応、一瞬パッと見ると我々に不利なことのように見えますが、実質的には、かなり我々に有利だという立場で現在までは竹島がEEZを持たない岩であると、このように解釈しております」[42]

竹島をめぐる彼等の法的整理が、日本海のみならず、より遠方の海域をも睨んだ、そして対中交渉をも睨んだうえでの決断であることが提示されたのである。しかし、議論はこれで終わるわけでもない。確かに彼等は竹島を「岩」と捉えることの有利性を論じていた。しかし彼等自身、将来竹島が「島」となる可能性を排除するわけでもないとも論じたのだった。それはあくまで将来のEEZの境界画定交渉によるとしたのである。事実、その思いが新・日韓漁業協定の暫定水域に現れている。彼等は隠岐－鬱陵島中間線（図1-2の中間線❷）、隠岐－竹島中間線（図1-2の中間線❸）、双方とも暫定水域内に入る状態で合意しておくことにより、将来の対日交渉で制約を受けないようにしたのだった[43]。

それゆえ、韓国政府は竹島を「岩」である旨、公式に認定したわけでもない。すなわち、「(事実上) 岩」と解釈していたものの、それ以上のものでもなかったのである。以下、新・日韓漁業協定締結後の1999年4月における国会でのやり取りである[44]。参照されたい。

鄭夢準委員

「今、わが政府の立場は何ですか？」

洪淳瑛外交通商部長官

「わが政府の立場は、EEZ の基点として竹島にするのか、しないのか、ということを定めておりませんが、ただし、竹島がわが領土だということだけは間違いありません」

鄭夢準委員

「定めていなかった？ EEZ の基点にしないと、しておりませんでしたか？」

洪淳瑛外交通商部長官

「今、予備的に検討して見るときに…」

鄭夢準委員

「ですから、EEZ 基点としないのが良い。そのように決定したものと理解しておりましたが…」

洪淳瑛外交通商部長官

「そのような考えを持っております。しかし、そのように発表したことはありません」

韓国政府は公言しないものの、竹島を「岩」と解釈したのだった。筆者が今まで「(事実上) 岩」という表現を使用してきた理由はここにある。

さて、節を締めくくるに当たり、今までの議論を確認しておきたい。まず、日本政府による旧・日韓漁業協定破棄が韓国の国会における竹島の法的整理をめぐる論争を刺激した。もちろん、竹島が「(事実上) 岩」である点に変わりはない。その点は従来どおりである。しかしこの時期、彼等は国会でそのように位置づけることの有利性をより広い枠組の中で論じているのである。いわば、竹島が「岩」であり続けることの意義を再確認するのみならず、その位置づけを強化するような説明を展開したのだった。

1.4　海上保安庁による竹島近海調査企図

新・日韓漁業協定の締結から若干の月日が流れた 2006 年 4 月、韓国政府の条約解釈を変更せしめる事態が発生する。海上保安庁による竹島近海調査企図である。この背景には、竹島周辺の海底地名の問題があった。日本政府は国際水路機関に対し、竹島南方の海底盆地、海底山を対馬海盆、俊鷹堆として登録している[45]。ただ2006年4月、韓国政府がこれを韓国式名称に変更しようと画策していることが外交上、争点化したのである。これを受け日本政府は対案提示のため、竹島周辺で測量を目指したわけだが（図1-4を参照）、これに韓国政府が反発したという流れである。

いずれにせよ、この調査企図を契機に韓国政府はとうとう竹島を「島」であると認定し、公式にそれを日本側に通知することとなるのである。ただ彼等自身、事件と同時に条約解釈を変更したわけでもない。同年4月18日、潘基文（パンギムン）外交通商部長官自身、隠岐－鬱陵島中間線という従来の立場を確認している[46]。しかし、同時に彼は注目すべき発言をしているのである。以下、参照されたい。

「今まで政府は竹島を国連海洋法条約上、岩と見ることが海洋法条約の規定に忠実だという名分、また、実利面では有利な面がある、このようにして交渉案のひとつとして鬱陵島－隠岐中間線を提示したところであります。しかし我々は竹島基点の使用を排除したのではない、このような点を申し上げます。ただし竹島を我々のEEZ基点と見なすのか否かは、単純に国連海洋法条約の物理的解釈問題を離れ、我々の国益に沿う交渉戦略、他国の事例、日本の交渉態度等を勘案して検討していくべきことだと考えます」[47]

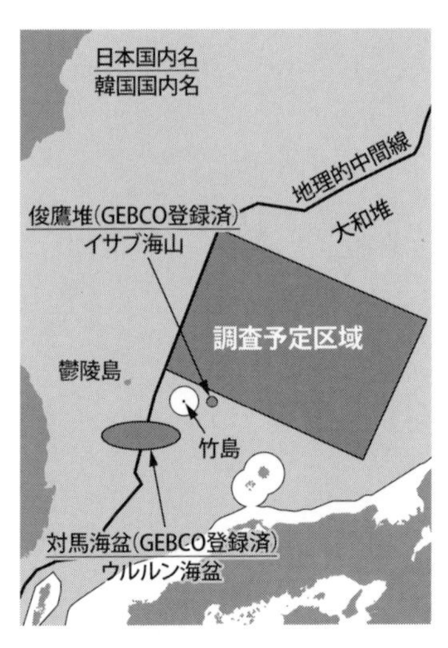

図1-4　調査予定区域（竹島北西にある四角海域）[48]

条約解釈はそれ自体で存在するのではなく、国益等を念頭に行う。これは従来から指摘されていた考えであり、決して新しいものではない。ただ、条約解釈の変更を行うからには、何かしらの名分のようなものもあるだろう。実はこのとき（4月18日）

潘基文長官自身、興味深い指摘を行っているのである。それは特定の陸域を「島」と見なすか「岩」と見なすかを論じる際の２つの基準、すなわち、人間の居住ができるか否か、そして独自の経済的生活を維持できるか否か、は時間の経過や技術の発展に伴い、変化するというのだった。たとえば、独自の経済的生活の維持も以前であれば無理であったかもしれない。しかし現在の技術をもってすれば可能である。それゆえ、時間の経過とともに、以前は「岩」であった陸域も「島」と成り得るという議論を展開したのだった[49]。

ただ、何を解釈変更の名分とするかは決定的に重要でない。指摘したように、あくまで国益なのである。その点、4月20日になされた柳明桓(ユミョンファン)第一外務次官の発言にも耳を傾けなくてはなるまい[50]。そこでは竹島が「島」か「岩」かという問題は「副次的」であり、大事なのは「何が国益となるのか」であると明らかにしているのである。

任鍾晳(イムジョンソク)委員

「政府は竹島と隠岐を基点とするEEZ交渉を始めなくてはならないでしょう」

柳明桓第一外務次官

「それはいまだ、政府内で…」

任鍾晳委員

「研究検討中だ。そのようにだけ…」

柳明桓第一外務次官

「検討中であるため、『何が我々の国益となるのか』ということは、政策選択の問題です。竹島が島なのか、あるいは岩なのかという、そのようなことは副次的なものでして…」

任鍾晳委員

「わかります」

柳明桓第一外務次官

「我々は、『どれを基点とするのが我々の国益となるのか』、また『国際的な支持を得られ、合理的なのか』というところから出発します」

2006年4月、韓国政府は竹島をいまだ、「(事実上)岩」と見なしていた(それゆえ、隠岐 - 鬱陵島中間線を事実上、採用していた)。しかし、国益に合致すると判断されれば、条約解釈を変更し、同陸域を「島」と解釈し得るとの意思を公の場で論じたのである。

さて、竹島近海調査企図をめぐって緊張状態に陥った日韓両国だが、4月21日から22日にかけて行われた外務次官級協議を経て、3点の合意が得られた[51]。韓国政府はそれを以下のように発表している。

第一に「日本は計画された海底地形調査を中止する」、第二に「韓国は、韓国の正当な権利である海底地名登録を将来、必要な準備を経て適切な時期に推進する」、そして第三に「局長級EEZ境界画定会談を早ければ5月中にも開催する」、の計3点である。いわば、日本側は調査の中止、韓国側は地名登録を「適切な時期」が到来するまで延期することになったわけである。

その3点合意がなされてから数日後の4月25日、盧武鉉(ノムヒョン)大統領より「日韓関係に対する大統領特別談話文」が出された。そこで、外交方針の変更が指摘されたのである[52]。以下、参照されたい。

> 「日韓間にはいまだ排他的経済水域の境界が画定できておりません。これは日本が竹島を自分の領土だと主張し、そのうえ、竹島基点まで固執しているためです。日本海の海底地名問題は排他的経済水域の問題と連関しております。排他的水域(原文のまま－筆者注)の境界が合意されていない中、日本が我々の海域の海底地名を不当に先占しているので、これを直そうとすることは我々の当然の権利です。したがって日本が日本海の海底地名問題に対し不当な主張を放棄しない限り、排他的経済水域に関する問題もこれ以上先延ばしにすることができない問題となり、結局、竹島問題もこれ以上、静かな対応で管理できない問題となりました。竹島を紛争地域化しようとする日本の意図を憂慮する見解が無いわけではないのですが、我々にとり、竹島は単純に小さな島に対する領有権問題ではなく、日本との関係において、間違った歴史の清算と完全な主権確立を象徴する問題です。公開的に、堂々と対処していくべきことです」[53]

以上の流れを受けた6月、彼らは対日政策で動きを見せるのである。韓国のEEZを定めるに当たり、竹島を基点にするというのだった。これは、従来の議論を覆す決断である。まず同月7日、外交通商部長官による定例ブリーフィングがなされた。その際、長官は6月12日から13日の間に開催予定である日韓EEZ境界確定交渉に関し、日本のフジテレビから韓国が有している基本的立場は何か質問されたのである。これに対し、長官は以下のように答えたのだった。

「わが政府としては、過去、日本とEEZ境界画定会談をする過程で、諸々の国際法上の名分や実利等の面で我々が有利な面があると判断し、妥協のためのひとつの方案として鬱陵島－隠岐中間線を提示したことがありました。しかし、その当時、我々が国民にもたびたび、（そして－筆者注）対外的にも明らかにしたとおり、竹島基点の使用を完全に排除したことは無かった点を申し上げ、実際、このような内容を交渉過程でも日本側に明らかにしたことがあります。しかし、日本が継続して過去のように竹島を基点とする不合理な主張と行動を継続する場合、今度の会談で我々が竹島を基点と主張しないわけにはいかない、このような状況が来たのではないか、このような考えを持っております」[54]

竹島は韓国のEEZ基点である。確かに、このような政策変更を日本政府に伝える意気込みが伝わってくる。事実、境界画定会談では今までの立場を変えて、竹島は韓国のEEZ基点であるとの主張を日本側に伝えてきたのだった。会談終了から約2週間後の6月26日、外交通商部長官は、立場の変更に至った背景を以下のように説明している。

「日本側が継続して竹島を自国の基点として主張し、4月には我々のEEZであることが明白な水域で海洋科学調査を推進する等、竹島領有権主張を行動に移している点を勘案し、竹島基点を、日本海上のEEZ境界画定のための我々の基本的な立場である旨、明確に提示しました」[55]

実は同日、外交通商部自身、このたびの政策変更を国際法の観点からも説明している。しかし、非常に簡単なものであり「関連国際法に照らしてみて、充分、それ自体のEEZを持ち得ると判断」[56]したと論じているに過ぎない。また、海洋行政を担っている海洋水産部も以下のように論じただけだった。

「第5次日韓EEZ境界画定会談でも竹島基点使用をわが国の基本的立場として提示しました。これは国連海洋法の解釈、他国の先例、我々の全般的な交渉戦略、日本の交渉態度等を総合的に勘案して、竹島基点使用を我々の基本的立場として発展させたものです」[57]。

本章は今まで、竹島をめぐる韓国政府の条約解釈を取り上げて来た。「何が我々の国益となるのか」、「竹島が島なのか、あるいは岩なのかという、そのようなことは副次的なもの」といった従来からあった説明を今一度、想起されたい。本節で取り上げた条約解釈の変更はまさにその帰結である。

ただ皮肉にも彼等による決断が新たな問題にも繋がるのであった。竹島を韓国のEEZ設定のための基点とする。この一点だけを見れば、韓国による日本への対抗措置と言ってよいだろう。しかし、より広い視点で見たとき、いかがなものなのかという疑問が国会で出てくるのである。

東シナ海に童島という中国領がある（図1-5を参照）。韓国政府が竹島を「島」と見なした場合、中国政府が同陸域を「島」である旨、主張してくるかも知れない。そして童島が「島」となった場合、韓国が設定している第4鉱区（図1-3を参照。図ではⅣと記されている）の多くが中国側のEEZに編入されてしまうのである。いわば、竹島を「島」と見なすことが、今後の対中交渉に不利となるのではないかという危惧が表明されたのである[59]。

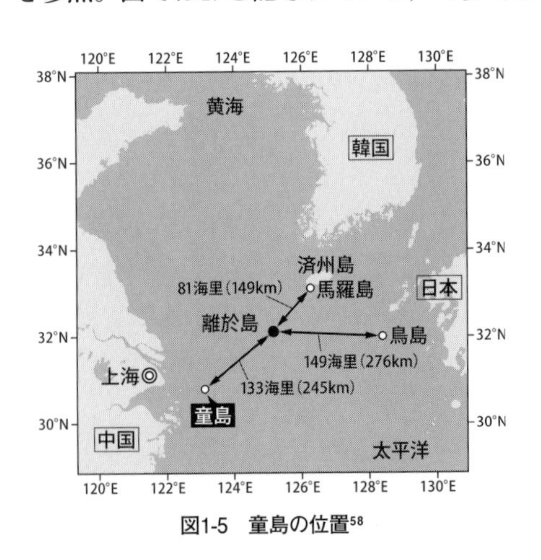

図1-5　童島の位置[58]

この指摘は国会議員が思いつき的、揚げ足取り的に出したとは言いがたい。既述したように、韓国政府自身、竹島を「岩」と解釈しておく方が対中EEZ境界画定交渉で有利だと新・日韓漁業協定締結時に認めていたためである。いわば、韓国政府自身が認めていた懸念事項を自ら引き寄せてしまったのであった。この問題点に対し同年6月26日、韓国政府は新たに、以下のような対処策を明らかにしている。

> 「ある島や岩がEEZ基点として使用できるのか否かは、該当する島ないし岩の大きさ、人間の居住可能性、独自的経済生活、営為可能性、位置等、諸因にしたがい独自的に決定されるべき問題である。(中略)我々が竹島基点を使用する場合、東シナ海の境界画定において不利だという一部主張があるが、我々としては竹島基点を使用したとしても、東シナ海のEEZ境界画定に影響が及ばないように、充分検討し備えている」[60]。

ここで、すでに取り上げた、潘基文外交通商部長官の発言を再確認したい。約2か月前の2006年4月18日、潘基文長官は特定の陸域を「岩」と見なすか、あるいは「島」と見なすかを論じる際、国連海洋法条約第121条よろしく、2つの基準があるとしていた(人間の居住可能性/独自的経済生活)。それが同年6月26日になると、「岩」か「島」かを決める際、検討すべき点が増えているのである。さらにそれは「独自的に決定されるべき問題」であるとも論じたのだった。いわば韓国政府が「岩」と認定すれば、それは彼等にしてみれば絶対「岩」なのである。

そのうえで、国会で前記の童島問題が提起されたとき、政府は「今後、無人岩石島嶼がEEZ基点として使用されることを認定しない」[61]と回答したのだった。竹島は「島」となりえても、東シナ海にある中国側の一部陸域(「童島」と名指しはしなかった)は「島」となり得ないのである[62]。国益を設定したうえで条約を解釈するとの方針にブレはない。

ただ、そのような整理を行ったとしても、やはり従来の説明と矛盾があることも事実なのである。そうであればこそ、2008年10月、鄭夢準委員が柳明桓外交通商部長官を批判したのだった[63]。従来の外交当局の説明によれば、竹島は基点足りえない無人の「岩」であり、かつ、仮に基点としてしまった場合、東シナ海における日韓/中韓EEZ境界交渉の際、韓国側に不利になるのである。

従来、竹島は東シナ海における境界交渉と連動しているとの整理であった。しかし、東シナ海において特段変化が生じたわけでもないのに、なぜ竹島だけ

2006年にEEZ基点となったのか。鄭夢準委員は、政府が竹島を「島」と認めたことに対し「全く説得力がない」[64]と批判したのである。これに対し長官は従来の答弁を繰り返しただけであった。

「鬱陵島を基点と主張するときも、我々が竹島の使用を完全に排除したことはなく、妥協のため…なぜかと言えば、鬱陵島と隠岐とで中間線を引けば、竹島が我々のEEZ内に入ってくるようになるため、現実的な妥協をしようと…」[65]。

ただ、国会で「全く説得力がない」と批判されようと、重要なのは国益であり、条約解釈はそれに合わせるものである。この点を韓国政府はたびたび公言してきた。それ故、上記批判があろうとも、政府の方針が変わるわけでもなく、竹島は今や「島」となったのである。

1.5 重複海域をめぐる争い

韓国政府による日韓EEZ境界に関する主張は2006年を境に変化した。それは図1-2における中間線❷から中間線❸への移行と言い得る。一方、日本政府は竹島を日本領の「島」と捉えているため、中間線❶を推す立場となる。それゆえ、従来は中間線❶と中間線❷の間の水域が日韓の重複海域であった。一方2006年以後は中間線❶と中間線❸の間の水域が摩擦の種となるのである（なお、冒頭で論じたように、竹島領海内に関しては境界線の議論とは関係なく、双方が自国のものである旨、論じている）。

ここから何が言えるのか。竹島近海における日韓間の対立とは、この重複海域をめぐる争いなのである。お互いが自国の管轄海域であると見なした水域に対し、相手国が海洋調査活動等、何かしらの行動を起こしたとき、それが問題となったりするわけである。それでは、その重複海域をめぐって、具体的にいかなる問題が生じたのだろうか。次章以後、筆者はこの点を論じようと思う。

第2章 海洋警察庁による竹島警備

2.1 顕在化する竹島警備問題

1996年2月、海洋警察庁[1]は竹島周辺海域において自らの艦艇を常駐配置するようにした[2]。そして、それから1年以上経過した1997年10月、曺聖彬（チョソンビン）海洋警察庁長が竹島警備の実態を国会で論じたのである。議論を始めるに当たり、まずはこのときのやり取りを確認されたい[3]。

曺聖彬海洋警察庁長

「まず、竹島警備を簡単に申し上げれば、竹島自体の島の警備は慶北（キョンブク）警察庁傘下の警備隊が行っており、そして周辺を取り囲んでいる我々の領海や公海近隣の海域を私ども海洋警察庁と海軍が合同で防御しております。（中略）一般警察所属の警備隊が（陸上警備を－筆者注）行いつつ、（中略）日本の極右団体や、あるいは民間団体が、非組織的に、非正規的に上陸し侵犯するときは私ども、竹島警備隊と海洋警察庁の艦艇で充分に防御できると判断しております。しかし、武力による正規的侵犯の憂慮があるときは、統合防衛作戦による一線、二線、三線防御概念があります。そのときは軍警合同で対処する準備がすべてできております」

尹漢道（ユンハンド）委員

「日本は時々、そのような事例がありますか？」

曺聖彬海洋警察庁長

「最近、全く事例が無いのですが、竹島に近い公海上に日本の海上保安庁の巡視船、大型艦艇が常時配置されております。私どもは日本海で、艦艇がそれに対峙し、継続監視中です」

尹漢道委員

「現在は、大きな問題は無いでしょう」

　曺聖彬海洋警察庁長
　　「大きい問題は無いと判断されます」

上記答弁から、当時の海洋警察庁による竹島認識が理解できるだろう。同庁は竹島周辺海域に艦艇を1年以上常駐配置していたのであり、庁長はそのうえで判断を行ったのである。竹島警備は決して切迫したものではなかったのだった。

さて、この雰囲気が明らかに変わる年がある。それが2005年であり、2006年であった。それではこの2年間、竹島をめぐって何があったのだろうか。2005年3月には島根県議会が2月22日を「竹島の日」と制定し、海洋警察庁はその直後、海上警備強化策を発表している。ただ皮肉なことにその数か月後、日本の私船が竹島を目指してしまったのだった[4]。そして後日、同庁は新たな警備策を再度公表することとなるのである。

翌2006年、海洋警察庁は再び大きな懸案を抱えることとなる。4月、海上保安庁が竹島近海調査を企図したのであった。また7月には竹島近海における韓国側の海洋調査活動を海上保安庁からいかに守るかという論点も浮上するのである。

結局、上記2年間で竹島警備上の論点が一挙に顕在化したのだった。彼等は竹島周辺海域、そして同島周辺において活動する自国の海洋調査船をいかにして日本から守ろうとしたのか。以下、その点を明らかにしたい。

2.2　2005年の竹島警備事案

(1)　海上警備強化策の発表

2005年3月16日、島根県議会が「竹島の日」を制定し、翌17日、韓国政府が対日新ドクトリンを発表する[5]。この流れの中、同月22日、海洋警察庁が国会で竹島観光船舶への対応方法および海上警備強化策を公表したのだった[6]。以下、この内容を確認するとしよう。

まず同庁は、竹島近海警備区域を1か所から2か所に増やした。そして従来は5,000トン級1隻、1,000トン級1隻、そして500トン級1隻による三交代制警備を敷いていたのだが、これを5,000トン級1隻、1,000トン級2隻による三交代制とすることにしたのである。理由は荒天3級（波高2.6メートル）以上のとき、500トン級の艦艇では出港できないためである（なお前年の2004年、波高2.6メートル以上の状況が96日あった）。いわば、気象悪化時も三交代制を維持し、警備体制を万全とするための策である。

それ以外に、鬱陵島（ウルルンド）と竹島の間を往来する旅客線の安全確保のため、500トン級の安全管理専従艦艇2隻を用意して二交代制の警備を敷くことも明らかにしている。

また、竹島無断上陸阻止のため、3つの遮断線を引いたことも論じたのである。第一線は「日韓境界海域」に引かれており、蔚山（ウルサン）の広域警備艦艇が配置された。そして第二線は「浦項（ポハン）東方70マイル」に引かれ、1,500トン級以上の船舶を常時配置するとのことである。そして第三線では竹島専担艦艇が回転翼機、高速短艇、特殊機動隊と共に、最後の守りをするのであった。

最後に航空監視強化策である。哨戒機であれば週3回以上、回転翼機は1日1回、空から監視活動をすることとなった。また東海（トンヘ）（日本海側にある都市）に配置されていた回転翼機を従来の1機から2機に増やし、艦艇に搭載したことも指摘している。

（2）竹島警備の改善

島根県議会の動きを受けて、海洋警察庁は各種対策を打ち出したこととなる。しかし、その警備策を発表した数か月後の6月11日、日本の私船が竹島接近を試みてしまったのだった[7]。そして後日、彼等は新たな警備策を再度発表することとなるのである。

ここで注目しなくてはならない会議がある。2005年6月24日に開催された（海洋警察）署長会議[8]である。同会議こそ、私船による竹島接近事案の直後に開催された、海洋警察庁の幹部会議なのである。そして、そこで竹島警備策が改めて議論されることとなるのであった。以下、その内容を確認しよう[9]。

まず竹島警備の方針として次の4点が説明されている。

① 日本からの私船等により竹島上陸が企図された場合、日本からの出港時から監視する。

② 日本の巡視船が竹島近海に出現した場合、近接監視し、領海侵入を絶対防止する。
③ 鬱陵島から竹島を航行している旅客船を近接護送することにより、日本の巡視船等による危害行為を防止する。
④ 海軍および竹島警備隊と協力体制を構築し、海・陸・空の立体的合同作戦体制を常時維持する。

さて、ここでひとつ、確認しておこう。当該時期 -すなわち署長会議の直前- 確かに、私船の竹島接近事案があった。しかし、これをもって海洋警察庁が私船にのみ注目して竹島警備を論じていたわけではないのである。彼等は私船と同時に海上保安庁の動きをも警戒していたのだった。事実、海上保安庁の船艇が竹島領海内に侵入することや韓国の旅客船に危害行為を及ぼすことをも想定して竹島警備に当たっていたのである。

それでは彼等自身、署長会議でどのような警備体制をとる旨、明らかにしたのだろうか。ここでまず、「平常時」と「状況発生時」に分けて考える必要がある。双方ともに3つの警戒線を想定しているのだが、まずは「平常時」について説明しよう。

① 平常時：「第一線（前進探索警備）」

竹島南東方40マイルに設定されている。そこでは釜山(プサン)海洋警察署所属の「3001艦」[10]／「1503艦」[11]等が配備され、これにより日本の巡視船等の早期探索／確認／追跡監視を目指す。

② 平常時：「第二線（領海線）重点警備」

読んで字の如く、領海線の警備を意識しており、1,000トン級以上の艦艇を1隻配置することとした。また、搭載している回転翼機を利用し、海・空の立体的巡察活動をも志向するのである。以上により領海の不法侵犯を防止するという。

③ 平常時：「第三線（旅客船安全護送）」

警備対象は旅客船である。このため、500トン級の艦艇を1隻配置する。そして、これにより旅客船の近接護送および安全確保が図られるとの算段である。

なお、ここで注目すべきは、海上保安庁の高速巡視船が出現したときの対応方法も論じていた点であろう。同資料によれば、かかる船艇が2005年に2回出現したとのことである。これに対する策だが、3種類の方案を想定していた。

第一に「5001艦」[12]が警備しているときは、搭載している回転翼機を利用して早期探索および監視を実施するとのことである。第二にそのほかの艦艇が警備しているときは、海軍の回転翼機および高速短艇により対応する。そして第三に、夜間に海上保安庁の高速巡視船が出現したときは、最短接近点に向けて全速で行動し、該船を確認したうえで、警戒警備を実施するとのことだった。

さて、それでは「状況発生時」の場合、どうなのだろうか。ここで具体的に想定している脅威は、私船の竹島接近および乗船者による上陸企図である。この場合、当該情報を入手した段階から早期警報体制を立ち上げ、探索、遮断、阻止、拿捕の体系的な対応を行う旨、論じている。

なお、その際の具体的な対応勢力も紹介しよう。艦艇6隻、航空機4機、高速短艇8隻、特攻隊（海洋警察庁の特殊部隊）計25名が投入される手はずであった。そして対応する海洋警察署だが、大枠では東海海洋警察署と浦項海洋警察署となる。まず東海海洋警察署からは「5001艦」、「1003艦」[13]、「503艦」[14]、964K（回転翼機）、968A（回転翼機）、高速短艇6隻、そして特攻隊員5名等が派遣される。また浦項海洋警察署からは「1008艦」[15]、「507艦」[16]、966K（回転翼機）、高速短艇2隻、特攻隊員5名が対応に当たる。なお支援部隊として釜山海洋警察署から「3001艦」あるいは「1503艦」が、そして仁川(インチョン)空港からはチャレンジャー（固定翼機）が、東草(ソクチョ)海洋警察署から特攻隊員5名が、そして仁川海洋警察署からも特攻隊員10名が駆け付けることとなっていた。ことが起きた場合、彼等は以上の勢力をもって竹島警備に当たることを論じたのである。

表2-1　対応勢力の一覧[17]

対応勢力	勢力の詳細
海洋警察庁の対応勢力 ※総勢力	艦艇6隻、航空機4機、高速短艇8隻、特攻隊25名
総勢力のうち 東海海洋警察署の担当	「5001艦」、「1003艦」、「503艦」、964K（回転翼機） 968A（回転翼機）、高速短艇6隻、特攻隊5名
総勢力のうち 浦項海洋警察署の担当	「1008艦」、「507艦」、966K（回転翼機）、高速短艇2隻、特攻隊5名
支　援	釜山：「3001艦」「1503艦」　草東：特攻隊5名 仁川：チャレンジャー（固定翼機）、特攻隊10名
※合同作戦参加機関	竹島警備隊37名のほか、海軍の哨戒艦が1隻およびP-3Cが1機

最後に、具体的な作戦内容も見ておこう。全部で第四段階まで用意されている。まず「第一段階（前進探索追跡）」である。当該段階では竹島を基点とした40マイル圏に「3001艦」ないし「1503艦」を配置し、30マイルの海域に回転翼機を飛ばしておく。この段階では私船に対し回航を誘導しつつ、領海侵犯時、拿捕する旨、告知する等、警告放送を発する。次に「第二段階（一次・阻止警告）」である。この段階では24マイル圏に「1008艦」、「507艦」および回転翼機を2

表2-2　竹島接近および乗船者の上陸企図時の対処方針

状況区分		対応措置
接続水域への進入を試みたとき	竹島入島目的が明らかなとき	通信を通して航海目的を把握する
		入島申告の有無を確認し、未申告の場合、回航を要求する
		接続水域侵入時、拿捕が可能である旨、警告する
		停船、立入検査、拿捕の準備をする
	竹島入島目的を隠蔽しているとき	通信を通して航海目的を把握する
		同行監視および警告放送を続ける
		竹島入島を試みたとき、処罰する旨、警告する
接続水域、領海に進入したとき	竹島入島目的が明らかなとき	停船させ、立入検査後、拿捕する
		停船命令に応じないとき、強制停船を施行する
	竹島入島目的を隠蔽しているとき	同行監視および警告放送を続ける
		竹島入島を試みたとき、処罰する旨、警告する
領海に進入したとき、上陸を企てたとき	竹島入島目的が明らかなとき	停船させ、立入検査後、拿捕する
		停船命令に応じないとき、強制停船を施行する
	竹島入島目的を隠蔽しているとき	同行監視および警告放送を続ける
		竹島上陸を企てたとき、船舶拿捕および逮捕する
竹島上陸時		船舶拿捕および上陸者を逮捕する

機配置しておく。ここでは、該船の進路遮断が企図される。そのため、回転翼機を低空飛行させることにより下降風を形成し、対象船舶の速力を低下させるよう誘導するとある。その次が「第三段階（二次・遮断阻止）」である。これは15マイル圏に全勢力を投入して「押し出し式遮断」を実施し、最終警告－すなわち、領海侵犯時には拿捕するとの警告－を出す。そして、これに応じない場合、最後の「第四段階（拿捕）」が待っている。その際、採証資料を確保することが指摘されている。

さて、ここで私船を拿捕した後の対処方法も見ておきたい。基本方針としては採証等の措置後、江陵（カンヌン）支庁の公安検事の指揮により現場で関係者を強制退去させることがあらかじめ決められていた。ただし例外があり、国家安全保障会議、外交通商部等から指示が有った場合、東海に押送後、調査処理するとある。

なお後年、海洋警察庁は私船による竹島接近および乗船者の上陸企図への対処方針を整理したうえで明らかにした[18]。節を締めくくるに当たり、それを前頁の表2-2に提示しておくので参照されたい。

（3）竹島警備上の懸案

2005年6月、海洋警察庁は新たな竹島警備策を論じた。しかし、彼等自身、この対応策には問題が4点あることを自ら認めていたのである。ここでは、それら諸点について確認しよう[19]。

まず、第一に同庁は、韓国本土から竹島まで時間がかかり過ぎている点を問題視していた。航空機を利用しても、1時間30分かかるのである。そして東海港から船舶を利用した場合、約7時間必要となるのであった。

第二に、海上保安庁の巡視船艇の性能である。日本の「高速巡視船」および「未確認の高速船舶」が出現したときの対応が難しいと率直に認めている。韓国側艦艇（500トン級以上）の最大速力は20から22ノット。一方、日本の巡視船（200トン級）は（彼等の分析によると）40から45ノットも出るというのである。

第三に、鬱陵島および竹島警備中に遠海で救難事件が発生した場合、当該艦艇が現場に駆け付けなくてはならない点である。その場合、結果的に竹島近海における警備空白が生まれてしまうことも懸案事項として指摘された。たとえば2005年2月21日、日本海で「パイオニアナヤ号」（바이오니아 나야호）が沈没している[20]。このとき、竹島警備に当たっていたのは「1003艦」であった。

そして同艦は竹島周辺海域を離脱して、救難に向かっているのである。

第四に、日本の私船による竹島上陸企図は、事前の情報収集、諜報活動により把握したものであり、かつ対応できたという点である。逆に、今後は事前情報が無いかも知れぬことを懸念していたのである。

ところで海洋警察庁自身、以上のように問題点だけを論じていたわけでない。それへの改善策も提起しているのである。たとえば救難事案が絡む警備空白の問題についての対処方案を紹介しよう。もし竹島近海で救難事案が発生した場合、竹島警備に当たっている艦艇が救助に駆け付けるものの、東草海洋警察署、浦項海洋警察署の警備艦艇がすぐに引き継ぎ対応をすることにより、警備空白を最小化するとの策を明らかにしている。

また、海上保安庁への対処方案も指摘しておこう。以下2点が論じられていたのである。第一に「日本の高速巡視船」および「未確認の高速船舶」が出現した場合、韓国側は航空機、高速短艇により即刻対応するとした。そして第二に、日本の高速巡視船に対応するため、韓国側もウォータージェット式の高速警備艦艇の導入を建議しているのである。

なお、これには後日談がある[21]。2005年9月5日、海洋警察庁の造艦団は庁長から「次世代の大型艦艇の高速化、先進化を推進」[22]するよう指示を受けている。これを受けて、造艦団はどうするのか。彼等は同年10月（すなわち指示を受けた翌月）日本の高速巡視船を現地調査しに来ているのである。その後、2006年1月9日から3月17日にかけて、海洋警察庁は造船会社と共に技術を検討している。想定脅威の巡視船を直接調査したうえで、彼等は自らの高速艦艇の建造に邁進するのだった。

2.3 2006年の竹島警備事案

（1） 韓国外交当局による公船拿捕論

竹島周辺には日本名を付した、そして国際水路機関に登録済みの海底地形がある。俊鷹堆と対馬海盆である（第1章の図1-4を参照）。2005年12月、海上保安庁は韓国が同名称の変更を志向している点を認知した[23]。この動きへの対案提示のため、日本は竹島周辺海域の調査を企図するに至ったのである。そして2006年4月14日、海上保安庁は当該調査を行うに当たり水路通報を出した。これに対し韓国政府は同日、調査を中止するよう要求したのである。

さて、ここで論点を確認しよう。2005年6月段階において、海洋警察庁はすでに海上保安庁への対処策を論じている。ここで、その内容を思い起こされたい。彼等は「日本の巡視船が竹島近海に出現した場合、近接監視し、領海侵入を絶対防止する」、「旅客船を近接護送することにより、日本の巡視船等による危害行為を防止する」と論じていたのである。しかし2006年4月、これに新たな議論が加わることとなる。日本の測量船を拿捕の対象とするというのであった。ただ、これは韓国国内でも議論となったのである。そして論点は、公船の管轄権免除をどのように理解するのか、という点にあったのである。

さて、この問題に対する韓国外交当局の見解を確認しよう。ここでまず、4月18日に発表された条約解釈、法的整理等を見ていきたい。

「政府が保有または運用する非商業的業務の船舶の場合、国際法上、免除特権を享受するところであり、排他的経済水域内で日本の政府船舶を対象に拿捕等、強制措置をとる場合、表面上、海洋法条約および国際慣習法と抵触する素地があると言うこともできる。しかし、国家免除を享有するといって、日本側の海上保安庁船舶が韓国の排他的経済水域で不法調査をできるということではない。拿捕等の問題は日本の海洋調査船の韓国側の停止命令遵守の有無と関連状況等を総合的に勘案する必要があるだろう」[24]

以上こそが彼等の整理であり理解であった。国連海洋法条約を批准している国が公船拿捕に言及したのである。そして対応策はそれだけでない。彼等は4月20日、国連海洋法条約上の強制紛争解決手続きを排除するための宣言書を国連事務総長に寄託した旨、発表した。以下、外交通商部の説明を確認されたい。

「政府は国連海洋法条約上の強制紛争解決手続きを排除するため、宣言書を4月18日（火）（ニューヨーク時間）、国連事務総長に寄託しました。このたびの宣言書の寄託は、国連海洋法条約が一般国際法上の合意による紛争解決手続きとは異なり、条約当事国の一方的提訴で国際裁判所による紛争の付託が可能となるようにする強制的紛争解決手続きを規定していることを勘案したもので、国連海洋法条約298条に基づいております。同宣言書により、わが国は海洋法と関連した紛争のうち、海洋境界の確定、軍事活動、海洋科学調査および漁業に対する法執行活動、国連安保理の権限遂行関連紛争等に対し国連海洋法条約上の強制手続きから排除されるようになりました」[25]

すなわち、公船拿捕を取り上げたうえで、対外的には日本による「一方的提訴」の動きをも事実上封じたとの主張であろう。韓国政府の条約解釈等に対する評価は別として、現実の世界では彼等自身、上記の論理を掲げたうえで、場合によっては海上保安庁の測量船が拿捕の対象となり得ると訴えたのであった。以上の流れを念頭に置いたうえで、以下、4月20日になされた国会答弁を見てみよう[26]。

崔星（チェソン）委員

「今、外交部が考慮している対応の内、（日本政府が－筆者注）探査を強行した場合、（対応上の選択肢として－筆者注）含めている内容の中で、拿捕も国際法上許容されるため（選択肢として－筆者注）含めているのですか、だめなのですか？」

柳明桓（ユミョンファン）第一外務次官

「それは、いわゆる国家公船に対する国際法、海洋法です。これは私が申し上げた海洋法なのですが、そこには停止する、というところまでは大丈夫なのですが、拿捕ということに対しては、ちょっと解釈上、ほかの問題があります。ところで、私たちの国内法には、そのようなものに、公船、私船に対する区別がありません。そのため、これは我々の主権を侵害する深刻な行為と見ているので、これは国際法の領域よりは国内法で処理するとの考えを持っております」

崔星委員

「それならば、その御言葉は、探査を強行した場合、国内法的手続きに従って拿捕も充分に可能で、検討している。そのように受け取っても良いのですか？」

柳明桓第一外務次官

「はい、そうです」

韓国の外交当局の幹部が、同国自身、批准している条約と国内法の間に乖離があることを認めたうえで、後者、すなわち国内法に基づいた拿捕も有り得るとの立場を表明したのだった。

ところで、その韓国における国内法とは具体的に何を指すのか。実は彼等には海洋科学調査法という国内法がある。以下、その一部を取り上げることにより、彼等の論理を検討しよう。なお、同法はたびたび改正されており、以下では事件当時のもの（1999年2月5日改正。同年8月6日施行）を紹介したい[27]。

第1条（目的）

この法は、外国人または国際組織による海洋科学調査の実施に必要な手続きを定め、大韓民国国民により実施された海洋科学調査の結果物である調査資料の効率的管理および公開を通して海洋科学技術の振興を図ることを目的とする。

第2条（定義）

この法で使用する用語の定義は次の各号とする。

2 「外国人」とは外国の国籍を持った人、外国の法律により設立された法人および外国政府をいう。

第7条（領海外側管轄海域での調査に対する同意）

第1項

大韓民国領海外側の管轄海域で海洋科学調査を実施しようとする外国人等は、大韓民国政府の同意を得なくてはならない。

第13条（不法調査）

第1項

外国人等が第6条ないし第8条の規定による許可や同意を受けずに海洋科学調査を遂行するという嫌疑があるときには、関係機関の長は停船、立入検査、拿捕、そのほか必要な命令や措置をとれる。

以上から韓国政府の論理が見えてくるだろう。第1条で同法は「外国人」が海洋科学調査を実施する際にとるべき手続きを定めたと論じている。そのうえで第2条にあっては、「外国人」は「外国政府」も含めていると指摘した。そして第7条第1項で「外国人（すなわち外国政府）」は韓国の領海外側管轄海域で海洋科学調査を実施する際、同国政府の同意が必要である旨、論じている。そして第13条である。許可や同意のない調査には、停船、立入検査、拿捕、そのほか必要な命令や措置がとれるとしたのだった。

(2) 海洋警察庁による公船拿捕論

公船拿捕が国会で議論されていた4月20日、海洋警察庁の政策広報担当官が公船拿捕の戦術を語っている。以下、参照されたい。

> 「海洋警察が準備した作戦は別名、『ヘウリ（해우리）1号』（ヘウリは海洋警察庁のマスコット名）で、戦略上3段階に分けられた。排他的経済水域の境界線（竹島－隠岐群島の中間線）に接近する場合、警告放送をし、これを無視したまま警戒線侵犯時、警告と侵入妨害等で回航を誘導し、これに応じず、継続侵入時には、停船命令を経て、拿捕までするのである」[28]

なお、彼等の公船拿捕論はこれに留まるものでない。2006年4月27日には海洋警察庁自身、自らの広報媒体で李長熙（イジャンヒ）・韓国外国語大学校副総長による主張を掲載している。なお、同氏の専門は国際法であることも付言しておこう。以下、その主張である。

> 「国連海洋法条約第246条第2項によれば、EEZ内の海洋科学調査は沿岸国の同意を受けなくてはならず、韓国国内法も同一の趣旨を規定している。ただ、沿岸国は第三国が平和目的や人類利益のため、海洋環境に対する科学調査を目的にする探査には同意するようになっている。ところで、このたびの日本の無断海洋探査の目的は純粋な海洋科学調査というよりは、韓国の竹島領有権を毀損しようとする目的が明白な場合であり、沿岸国である我々が同意することはない。
>
> 特に海洋法第246条第8項は、海洋科学調査活動も沿岸国の主権的権利や管轄権行使であり、沿岸国の活動を不当に妨害できないと規定している。

そうであれば、日本の無断探査船に対する退去や撤回要求は、韓国政府が竹島領土主権を守るための、沿岸国の正当な主権的権利であると同時に管轄権行使である。

一説には無断探査船舶が海上保安庁所属の船舶であり、私船ではなく公船であるため、軍艦に準じる特権を持つため、立入検査、拿捕が難しいという。しかし一般的に領土主権はそのほかの国際法的規範に優先する。したがって、韓国の海洋警察は国際法と国内法にしたがい、無断探査船を立入検査し、拿捕できると見ている」[29]

海洋警察庁自身、自らの広報媒体に学者を招いたうえで公船拿捕の正当性を訴えさせているわけである。そして、これで議論が終わるわけではない。同庁は翌2007年3月26日、庁内に国際海洋法委員会を発足させている。その機能を見るため、海洋警察庁国際海洋法委員会運営規則（海洋警察庁例規第322号）の第2条を確認しよう。なお、同規則もたびたび改正されているので、委員会立ち上げ当初のもの（2007年3月20日制定、同日施行）を使用したい。

第２条（機能）

第1項

委員会は次の各号の事項を審議し、海洋警察庁長に必要な措置事項を建議する。

1　海洋警察業務遂行中、国際法上の紛争発生時の対処方案

2　国際海洋法上、必要な法律解釈

3　そのほか、国際海洋法上の重要政策等の樹立、施行時の検討事項

第2項

委員会は海洋警察の活動において海洋警察業務に必要な国際法的事項があるとき、海洋警察庁長に意見を提示できる。

委員は国際海洋法に関する幅広い問題を審議し、海洋警察庁長に建議できる立場となる。もちろん建議したところで、海洋警察庁に条約解釈の権限があるわけでもない[30]。しかし、この委員会をめぐって、注目すべき出来事があったのである。先ほど公船拿捕の正当性を訴えていた李長熙自身、実は同委員会の

立ち上げメンバーに選ばれているのである[31]。韓国の外交当局も海洋警察庁も公船拿捕を認める立場を表明していた後だけに、非常に象徴的な人事であったと言えよう。

(3) 海洋警察庁の対日警備訓練

時間軸を2006年4月に戻したい。海上保安庁による竹島近海調査企図に対し、韓国側は公船拿捕をも想定した海上警備を展開する。このとき、同海域には7か所の海洋警察署から艦艇18隻、航空機5機、高速ボート10隻、そして特攻隊員14名が派遣されていた[32]。

さて、このときの現場状況はいかなるものだったのだろうか。ここで当該海域で実際に警備に当たっていた「5001艦」の乗組員の証言を取りあげよう[33]。

2006年4月16日、上記乗組員は「明日（17日－筆者注）0900、非常出動準備に万全を期すこと」[34]との命令を受けている。翌日17日、「5001艦」は日本海に向けて出港したわけだが、ここで本人は当時の状況を以下のように説明した。

> 「日本の巡視船および日本の右翼団体船舶の出現時に備えて作成された竹島防御訓練マニュアルとシナリオが、このたびの作戦に合うように、修正、補完され、続々と下達された。本庁から下されたマニュアルには、やはり「5001艦」を先導艦に指定しており、作戦を遂行するよう緻密に作成されたのだった」[35]

その「5001艦」を先導艦にして、彼等は同日以後、訓練に当たる。17日には海洋警察庁自身、自らの1,500トン級船舶を日本側船舶に見立て、対処訓練を行っている。そしてその際、彼等は段階別訓練を行ったのだった。まず、海上保安庁の船舶を遮断し、同船に警告放送をし、それを停船させ、そして拿捕するというものである。

4月20日、本庁の警備救難局長が陣頭指揮のため、「5001艦」に到着している。その際、局長は乗組員に特別教育を実施した。その内容は、このたびの事態の発生背景、日本側の狙い、そして韓国側の対応策と作戦を含んでいた。そして注目すべきは、講義の締めくくり発言である。局長は乗組員に対し、以下のように語っている。

「最大限作戦をよく理解なさって、状況の深刻性を充分に認識することを望みます。最後には、探査船と正面衝突し、日本海と共に死ぬ覚悟までして下さい」[36]

「5001艦」と測量船が正面衝突したら、死者を出す可能性が充分ある。そして局長はその覚悟を乗組員に求めたのだった。ただ当然のことながら、同庁も最初から強硬策を想定していたわけでない。当時、乗組員は一次遮断線、二次遮断線、三次遮断線が準備されていたことを指摘している。この点は既述した政策広報担当官の説明とも一致していると言えよう。

さて同日20日、「3003艦」が現場を離脱している。ジャイロ系統に異常が発生し、鬱陵島に回航し緊急修理に当たったのだった。これにより大型警備艦が1隻なくなるわけだから、警備空白が生じる恐れがある。これにより警備艦同士の陣形の修正作業が行われたのだった。なお午後には、現場にいる1,500トン級以上の艦艇を指揮していた副艦長、航海長等が「5001艦」に集合し、警備救難局長から特別教育を受けている。

ところで22日、彼等は午前5時30分よりある訓練を始めている。警備救難局長の現場総指揮により横列陣、縦列陣を実施したのだった。なお、この陣形訓練は成功裡に終わったようである。警備艦同士の連携を上空から確認した航空機搭乗員が「陣形はエクセレントです」と無線で「5001艦」に伝えているのである[37]。ただ、これだけ緊張感のある訓練をしていたのだが、同日22日、日韓交渉は合意に達する。日本は竹島近海調査を中止し、韓国は国際水路機関への地名登録を「適切な時期」が来るまで延期することとなったのである[38]。

(4) 海洋警察庁による職員教育と公船拿捕

日韓合意に達しても、韓国政府による法的整理に変化が生じるわけでない。事件終結後、海洋警察庁は公船拿捕をめぐる論理を職員教育に反映するようにしたのである。以下、確認しよう。

海洋警察庁には昇進試験がある。そして、その試験の練習問題集が複数存在するのである。その内、当事案以後に発刊された『海洋警察実務　警備救難』に着目したい。同書の発行・編集は海洋警察庁と海洋警察学校が行っており、これを使用して職員は学習し、昇進を目指すのである。実は、同書の中に「わが水域内の外国人海洋科学調査対応」という設問がある。そのうちの２問を以下、紹介したい[39]。

問１　次の内、海洋科学調査法上、用語の定義を正しく説明していないものは？

甲　「海洋科学調査」とは、海洋の自然現象を究明するため海底面・下層土・上部水域および隣接大気を対象にする調査、探査行為をいう。

乙　「外国人」とは外国の国籍を持った人、外国の法律により設立された法人および外国政府をいう。

丙　「管轄海域」とは大韓民国の主権を行使する内水・領海および主権的権利と管轄権を行使する海域をいう。

丁　「基礎資料」とは海洋科学調査を通し、得られた資料およびサンプルをいう。

問２　許可または同意を得ない外国人等の不法海洋科学調査に対し、海洋科学調査法上の措置として見ることができないものは？

甲　停船、立入検査、退去措置ができる。

乙　許可なく海洋科学調査を実施したとき、５年以下の懲役または３億ウォン以下の罰金に処する。

丙　同意なく海洋科学調査をしたとき、１億ウォン以下の罰金に処する。

丁　許可または同意なく海洋科学調査をした場合、使用された船舶・設備・装備および得られた調査資料は、これを没収する。

模範解答を先に紹介しておこう。問１は「丁」、そして問２が「甲」である。ここから何が言えるだろうか。まず問１の乙から海洋科学調査法上、外国政府もまた法執行の対象であることを職員に確認させている。そのうえで、問２を通して甲が間違いであることを確認させているのである。すなわち、「停船、立入検査、退去措置」ではなく、「停船、立入検査、拿捕、そのほか必要な命令や措置」をとれることを学習させていることとなる（この点は同練習問題集の解答に記されている解説でも確認できる[40]）。なお、当該設問において、国際法と公船拿捕の関係性を問う問題はないことも記しておきたい[41]。

当然ながら、これら問いのうち、日本政府、日本、海上保安庁という用語は出てこない。しかし、その意図するところは明白であろう。日本を強く意識した法的整理であると言って良い。

実は『海洋警察実務　警備救難』には2003年版がある。出版年度からわかるように、これは竹島近海調査企図の前に出された物である。そして、そこには「わが水域内の外国人海洋科学調査対応」という設問自体が存在しない[42]。事件を経て、新たな学習項目が付け加えられたわけである。

（5）韓国による自国海洋調査船に対する警備

2006年7月、韓国政府は竹島近海で海洋調査を実施した。日韓双方が自国のEEZ（および領海）である旨、主張している海域で韓国側が調査を実施したのである。日本政府の立場から見た場合、これは看過できない事態である。

ここで図2-1を確認されたい[43]。当該調査における韓国側の海洋調査船「海洋（ヘヤン）2000号」の航跡図である。7月2日に釜山を出港し、以後、調査活動に従事している。その際、彼等は日本が自国のEEZと主張している海域（日韓双方の主張が重複する海域）においても4か所、調査を実施したことを明らかにしているのである[44]。

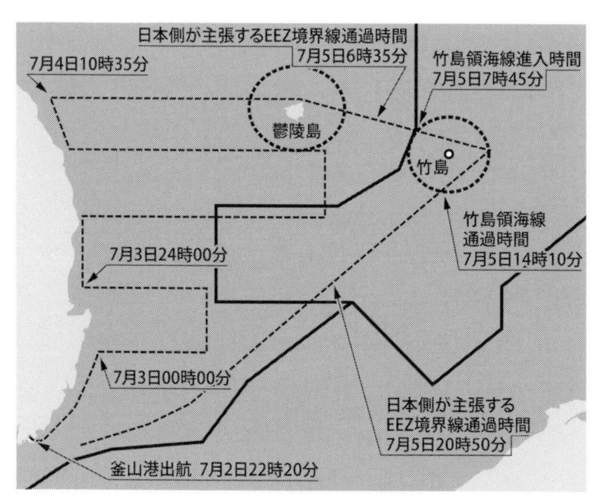

図2-1　「海洋2000号」の航跡図

この調査に当たって、海上保安庁は巡視船「だいせん」を派遣し、無線を通して調査の中止要求を行っている[45]。そして、ここで確認すべきは、韓国側の調査船が単独航行していなかった点である。海洋警察庁の艦艇が警備についていたのだった[46]。図2-2はこのとき、「だいせん」から見た、「5001艦」(手前)および「海洋2000号」(後方)の姿である[47]。「だいせん」と海洋調査船の間に「5001」艦が割って入っている様子が見て取れるだろう。一方、図2-3はこのとき、「5001

図2-2 「海洋2000号」を警備する「5001艦」

図2-3 「5001艦」から撮影された巡視船「だいせん」

表2-3 EEZ重複海域における対日警備方針

「海洋2000号」の状況	日本側の予想行動	韓国側の対応
探査区域に至らず、単に日本側が主張するEEZに進入する	警告・退去要求	国連海洋法条約および国際慣習法上、保障された航海の自由を明白に侵害していることを日本側に強く警告する
探査区域に到着したが、探査行為を行っていない		
探査区域に到着し、探査行為を実行している場合	警告・退去要求	韓国EEZ内での正当な海流観測調査活動であることを主張しつつ、韓国の正当な権利行使妨害行為に対し、強く警告、退去要求
	押し出し	先に挑発をする等、対抗措置を最大限自制する。韓国側が衝撃を受けた被害者になることが、国際世論や将来の外交関係で有利。人的、物的被害時、将来、国際法上、国家責任に基づき、補償要求が可能
	警告射撃	空砲弾による警告射撃で対応。先に挑発することを禁止する
	威嚇射撃	威嚇射撃はただちに戦争。自衛権発動により総力戦

艦」から見た「だいせん」の姿である[48]。まさに、竹島近海において海上保安庁と海洋警察庁が相まみえた瞬間である。

日韓双方が主張する海域において、韓国側は海洋調査を行ったわけだが、その際、いかなる対日警備方針が用意されていたのだろうか。ここで前頁の表2-3を参照されたい。彼等が「海洋2000号」を海上保安庁から守るために用意した、EEZ重複海域における対日警備方針である[49]。

表2-3からわかるように、韓国側はそれこそ日本側による警告・退去要求から威嚇射撃まで各種想定を念頭に、対処方針を準備していたのである。特に「押し出し」、「警告射撃」に関しては日本側が先に手を出すことを想定しているのであり前者に限って論じれば、韓国自身、被害者になることが国際世論上、外交上、有利であるとも訴えていたのであった。そのうえで後日、補償を要求し得るとの点も明記しているのである。また「威嚇射撃」に関しては、戦争にまで言及していることも確認しておこう。

さて、筆者はここで一点、読者に注意を促したい。確かに海洋警察庁は強硬姿勢をも想定していた。これは事実である。しかし同庁自身、表2-3で取り上げたこととは裏腹に、現実的な限界についても語っているのだった。実は彼等自身、海洋警察庁ができる「最後の対応方案」は「衝突式の押し出し(Bumpering)」であるとも論じているのである。そして、それ以上の事態は「政治的危険が負担」であると認めたのだった。いわば、警告射撃、威嚇射撃等、最悪の事態は一応想定していたものの、「押し出し」を最後の手段としたいとの思いを抱いていたのである。ただ、これは逆に論ずれば、「衝突式の押し出し」までは必要に応じて、有り得るとも言えるだろう。いずれにせよ、表2-3は以上の点を念頭に理解すべきである。

(6)　事件後に論じられた、海洋警察庁による海上保安庁対策

「任務交代を保障できる艦艇隻数を確保し、速度と武装は適切な状況対処が可能な水準に強化せよ」[50]

2006年6月8日、盧武鉉(ノムヒョン)大統領が海洋警察庁に対し、以上の命令を出した。これを受けて、同庁は隻数の増大、速度、武装の増強に打って出るようになる

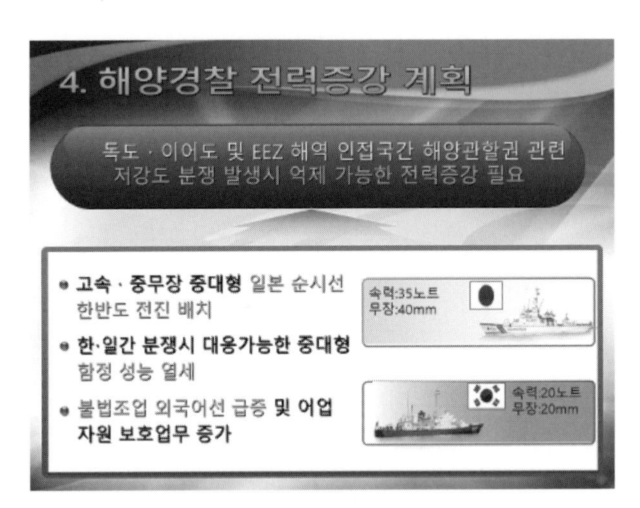

図2-4　海洋警察戦力増強計画[51]

図2-5　海洋警察戦力増強計画[52]

のである。

ここで前頁に示した2つのパワーポイント資料を参照されたい。これは2007年5月22日に海洋警察庁が海洋水産部長官に当てた業務報告用資料である。

まず、図2-4を参照されたい。題目には「海洋警察戦力増強計画」と記されている。その下には「竹島・離於島およびEEZ海域で隣接国間と海洋管轄権に関連した低強度紛争の発生時、抑制可能な戦力増強が必要」であると論じている。さらに、その下を見ると1行目に「高速・重武装の中型、大型の日本の巡視船が朝鮮半島に前進配置」、そして2行目に「日韓間の紛争時、対応可能な中型・大型の艦艇の性能は（韓国側が－筆者注）劣勢」と主張しているのであった。右下の絵も確認しておこう。上の絵は海上保安庁の巡視船であり、「速力35ノット、武装40ミリ」と説明されている。一方、下の絵は海洋警察庁の艦艇であり、「速力20ノット、武装20ミリ」と報告された。次に図2-5を参照されたい。

先ほどと同様、中身を確認しておこう。冒頭の題目は「海洋警察戦力増強計画」である。その下には「推進計画」とある。そして以下、矢印が3本記されているのがわかるだろう。矢印の左が従来の艦艇建造計画、そして右が2006年4月の竹島事態発生後に改訂してできあがった、新たな艦艇建造計画である。

最初の矢印の左右を見てみよう。これは「新規大型艦艇3隻を中期艦艇建造計画に追加反映」した点を説明している（なお、2006年12月に3隻増艦の予算を確保[53]）。左に記されている従来の計画では大型艦艇を総30隻確保する予定であった。これが竹島事態以後の新計画では大型艦艇を総33隻確保する旨、海洋水産部長官に説明しているわけである。

次に、その下の2番目、3番目の矢印に着目しよう。ここは「新型艦艇4隻、既存艦艇6隻の武装・速力の強化」について論じている。まず2番目の矢印である。この列は新型艦艇取得に関する従来計画が新計画によりどのように変化したかを説明している。矢印の左（すなわち従来の計画）を見ると3,000トン級、1,500トン級、1,000トン級の新型艦艇の速力として20ノットから22ノットを、そして武装は20ミリ1門を予定していたことがわかる。これが右（新計画）を見ると、速力が28ノットから30ノットに、そして武装として20ミリ1門のみならず、40ミリも1門新たに付け加えられることとなった。

最後に、その下の3番目の矢印も見ておこう。こちらは既存艦艇への改修

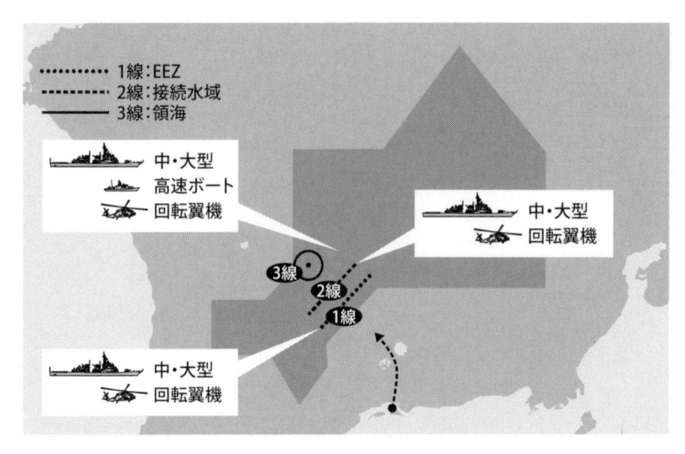

図2-6　竹島周辺海域3線警備体系図

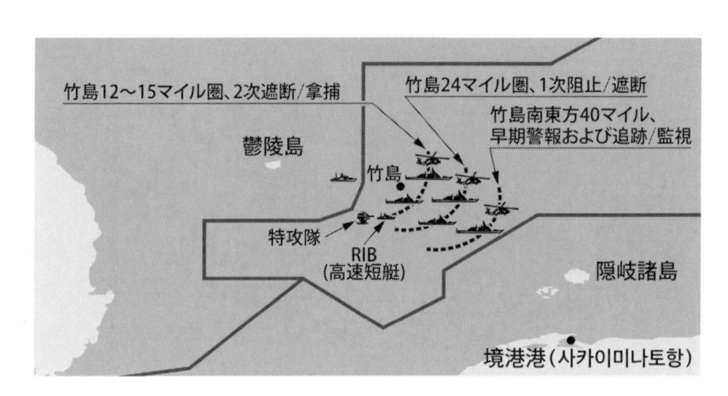

図2-7　竹島偶発状況発生時の警備勢力配置図

を論じている。矢印の左を見ると、5,000トン級には20ミリが2門、3,000トン級、1,500トン級、そして1,000トン級には20ミリが1門装着されていると説明している。それが矢印の右を見ると、各艦に40ミリ1門を追加で装着する予定であると論じているのだった。海洋警察庁は海洋水産部長官の前で、同庁の装備等が海上保安庁と比べて劣勢である点を説明したうえで、追加建造、そして速度、武装の強化について論じたのだった。

ここで海洋警察庁が導入を志した40ミリ自動砲や速力強化についてもう少し説明しておこう。まず2007年2月27日に同庁が提示した『2007年度主要業務報告』によれば、速力・武装の強化の理由として、隣接国間海上紛争への積極対処を挙げている[54]。そのうえで、「中型・大型艦艇の確保および警備艦艇の高速化（30ノット）と武装の補強（20ミリバルカンから40ミリ自動砲)」を論じているのである[55]。そして、そこで論じている「隣接国」とは明らかに日本を含んでいると言ってよい。

さて、海洋警察庁の『艦艇・航空機等獲得事業マニュアル』には彼等が有している武器の諸性能が説明されている[56]。それによれば20ミリバルカン砲の最大射距離は2.5マイル、有効射距離は1.1マイルであり、1分間に3,300発発射可能である。一方40ミリ自動砲の最大射距離は5.5マイル、有効射距離は3.2マイル、1分当たり600発発射可能である。有効射距離が1.1マイル（約2キロ）から3.2マイル（約5.9キロ）に伸びたわけだから、従来以上に遠方から対象を射程に納めることができるわけである。

それでは、彼等自身、隻数の増大、速力、武装等の増強を行ったうえで、いかなる警備体系を築き上げたのだろうか。ここで前頁の2つの図を確認されたい。図2-6は2007年1月に発表された竹島周辺海域3線警備体系図であり[57]、図2-7は2008年10月に発表された偶発状況発生時の警備勢力配置図である[58]。

さて、2007年版資料では警戒線として「1線：EEZ」、「2線：接続水域」、「3線：領海」という具合に海域を3区分している。そして1線と2線には中型、大型の巡視船および回転翼機を、そして3線にはそれらのほか、高速ボートを待機させるとした。また、山陰地方から矢印が北上している点も確認できるが、これは想定脅威の航路と見なして良いだろう。海洋警察庁にして見れば、北上する脅威に対し3つの警戒線を引いたうえで、それに対処するという戦術である。

一方、2008年版資料を見てみよう。竹島を基点に南東方40マイルのか所に「早期警報および追跡／監視」、24マイル圏に「一次阻止／遮断」、12から15マイル圏に「二次遮断／拿捕」とそれぞれ説明書きをしている。その点で言えば、2007年版と大きな差は確認されない。ただ一点、山陰地方に記されているハングルに注目しよう。「사카이미나토항」と記入されているのである。翻訳すると「境港港」となる。海洋警察庁は同港に関心を寄せているのである。

彼等の竹島警備は隻数の増大、速力、武装の強化だけに収斂するものでない。以上のような3本の警戒線が竹島周辺海域にはすでに引かれていることを確認しておこう。そのうえでの隻数の増大であり、速力、武装の強化なのである。

2.4 具現化する対日海上警備

海洋警察庁は竹島周辺海域、そして同島周辺において活動する自国の海洋調査船をいかにして日本から守ろうとしたのか。本章はこの点を明らかにしようとした。以下、簡単に議論をまとめておこう。

2005年と2006年、竹島警備が論点として浮上する。まず2005年、彼等は私船および海上保安庁、双方を脅威認定し、諸々の対策を発表した。事実、同年6月には「平常時」および「状況発生時」の各種警備体系を論じている。それぞれ3本の警戒線を設定し、私船の竹島接近および乗船者の上陸、そして海上保安庁による領海侵入および旅客船への危害行為等、それぞれを阻止しようとしたのである。

一方2006年、竹島警備は新たな段階に突入する。まず同年4月、韓国国内において公船拿捕が論点となったのだった。韓国政府は彼らなりの法的整理を行ったうえで、海上保安庁の測量船を拿捕することも有り得ると論じたのである。

なお、事態はこれで納まったわけでない。同年7月、日韓は竹島をめぐって再び対立するのである。韓国側が竹島近海において海洋調査を実施したのだった。このときも海洋警察庁は各種想定を設定し、対日警備を行っている。結局、2005年と2006年は複数の竹島警備方針が次々と実施に移された時期なのであった。そして、それを支えるため、後日、新たな艦艇が追加建造され、速力、武装も強化されることとなるのである。

それでは2006年以後、竹島警備をめぐって、新たな動きは無かったのだろうか。それが、あったのである。そもそも竹島周辺海域をめぐる日韓間の火種は一掃されるわけでもなく、むしろ存続し続けることとなる。事実、第3章、第4章（の末尾）で取り上げるように、韓国政府自身、竹島近海における海洋調査活動をその後も行っている。ただ、ある時期を境にして、韓国政界は日本の動きに対し不満を表明するようになるのである。自国による竹島近海調査に対し、海上保安庁が妨害活動を実施しているというのである。ただ、その点は第5章で取り上げることとしよう。

第3章 海洋科学技術院と水産科学院による調査活動

3.1 法によって定められている竹島近海調査

韓国による竹島近海調査は2006年7月をもって、終焉を迎えるわけでない。これ以後も行われるのである。

さて、ここで同国の調査船を3隻、紹介しよう。「離於島（イオド）号」、「長木（チャンモク）2号」、そして「探究（タムグ）20号」である。これらはいずれも竹島近海で海洋調査活動に従事していた。前二者が韓国海洋科学技術院所属、後者が国立水産科学院所属である。前章で取り上げた「海洋（ヘヤン）2000号」は国立海洋調査院所属なので、別組織の船ということとなる。

図3-1　竹島近海を調査する「離於島号」[1]

ここで図3-1、3-2、3-3を参照されたい。「離於島号」が竹島周辺で海洋調査を実施していたときの写真、そして「長木2号」、「探究20号」による竹島近海調査時の航跡図である。

さて、これら調査船は韓国政府のいかなる意図の下、調査をしているのだろうか。もちろん、彼等が竹島を強く意識していることは容易に想像できよう。しかし、結論の一部を明記しておくと、上記航行はいずれも韓国の「竹島の持続可能な利用に関する法律」に基づいた調査活動なのである。それゆえ、竹島近海調査が法制化された歴史的経緯や狙いがあったことにもなる。筆者が注目したいのは、まさにこの点なのである。それでは以下、検討してみよう。

3.2 「竹島の日」制定に対する海洋水産部の措置

「離於島号」等によりなされてきた竹島近海調査を理解するためには、時間

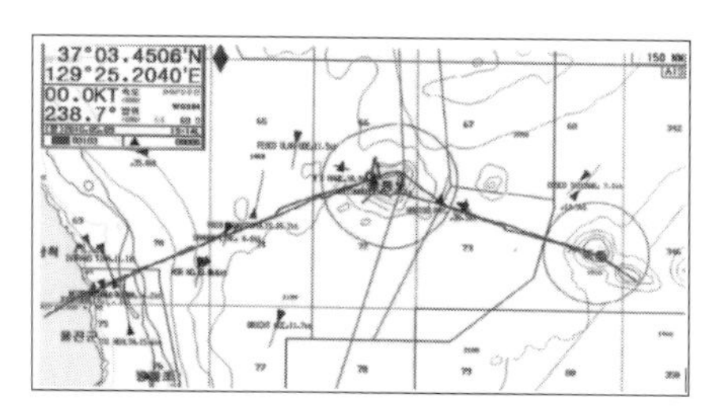

図3-2 「長木2号」の航跡図
(2016年5月2日 - 5月9日時の調査)[2]
鬱陵島(ウルルンド)を経由して竹島に到着した。

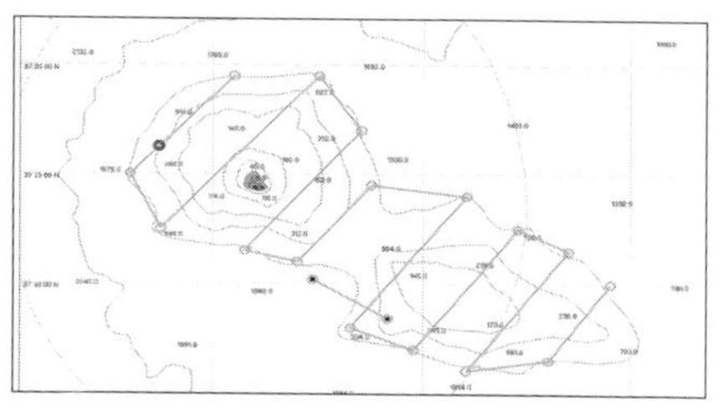

図3-3 「探求20号」の航跡図
(2014年6月17日、国立水産科学院公表)[3]

を少し遡る必要がある。最終的には1990年代後半まで時間軸を戻したいのだが、まずは2005年に立ち返りたい。それでは早速、当該時期の状況を確認してみよう。

2005年3月、すでに論じてきたように、日韓関係は揺れていた。3月16日には島根県議会が「竹島の日」を制定、そして翌17日、韓国政府は対日新ドクトリンを発表したのである[4]。しかし筆者は本書の問題関心にしたがい、同国の海洋政策に焦点を合わせたい。同月22日、韓国の国会（農林海洋水産委員会）において呉巨敦(オゴドン)海洋水産部長官が日本への対抗措置を論じているのである。その発言を見てみよう。

> 「私たち、海洋水産部は竹島の領有権を一層強固にして実効的支配を強化するため、次のことを積極推進しようと思います」[5]

呉巨敦長官による発言はまだ続くのだが、ここでまず確認したい。韓国の海洋行政から見た「竹島の日」への対抗措置、そこで使われたキーワードこそ「実効的支配、強化」なのである[6]。そしてそのため、以下3点を推進すると論じたのだった[7]。

第一に、韓国国民の間にある新・日韓漁業協定[8]に対する誤解を払拭し、協定維持の重要性を明らかにすることである。実は、韓国では同協定により竹島領有権が毀損され、日本側の攻勢を招く結果となったとの考えがあったのだった。それゆえ、海洋当局としてまずは国民の不満への対処策を論じたのである。

第二に、竹島の施設整備に当たるとした。従来まで竹島は入島が制限されていたのである。しかし韓国政府は竹島への入島緩和措置をとり、観光客が増大する見込みとなったのだった。しかし、これは客の利便性確保のみを追究しているわけでない。実は海洋水産部自身、この施設物の設置、補強もまた実効的支配強化に寄与する旨、論じているのである。

第三に、竹島に関する学術研究および広報の強化である。その目的は、内外に向けて竹島が韓国領である旨、知らせることにあるのだという。

さて、以上の見解を踏まえて、より細かい説明を李龍雨（イヨンウ）（海洋水産部）企画管理室長が続けざまにしている。同氏はその中で竹島の実効的支配強化方案の名の下、具体的政策を数点提示しているのである。そして、その中に海洋調査活動の推進も挙げられていたのだった。以下、参照されたい。

> 「竹島海域の水産資源調査および管理方案を準備します。国立水産科学院で推進中の竹島周辺漁業実態および資源研究結果を土台に、竹島海域の水産資源の総合管理方案を樹立します。竹島の海洋生態系および環境変化に関する定期モニタリング体制を構築します」[9]

「竹島海域における水産資源調査」、そして「竹島の海洋生態系および環境変化に関する定期モニタリング体制の構築」。これらが「竹島の日」制定に対する対抗措置－実効的支配強化策－の一環として位置づけられたのである。それも、ただ調査するだけではない。長官が行った3点目の発言を再確認しよう。広報活動に言及していたのである。しかし、それが調査活動とどのように関係してくるのだろうか。その点は次節で論じよう。

3.3 政府主導の第一次、第二次竹島総合調査

「実効的支配強化」、「竹島海域における水産資源調査」、「竹島の海洋生態系および環境変化に関する定期モニタリング体制の構築」、「広報」。これらは2005年の「竹島の日」の制定をもって、急に出てきたキーワードでない。海洋水産部自身、1999年から関わってきた竹島近海調査から論じられていたことなのであり、いわばセットのようなものであった。以下、その点について説明に入りたいのだが、その前に確認しておくべきことがある。1999年以前の調査に

ついても少し触れておく必要があるのである。その対比作業なくして、1999年になされた竹島調査の（韓国側から見た）意義が見えてこない。それでは以下、時代をさらに遡って検討してみよう。

竹島近海での調査は過去からなされていた[10]。まずは民間レベルでなされた例をいくつか挙げてみよう。1981年、韓国自然保存協会は海洋無脊椎動物、海藻類等を調査した。そして1991年、島研究会が海洋細菌、植物プランクトン、海藻群落、軟体動物等を調べている。また、1995年には自然保護中央協議会が沖合の微細生物、プランクトン、海藻類、軟体動物、十脚類を調べた。そして1997年には竹島研究保全協会もバクテリア、植物プランクトン、動物プランクトンを調査している。

さて、調査は民間レベルだけでなされたわけでない。韓国政府も竹島近海で活動していたのだった[11]。たとえば1954年、韓国海軍水路局（現・国立海洋調査院）が竹島周辺約1キロメートルで露出岩および水深調査を実施した。また1989年、交通部水路局（現・国立海洋調査院）が水路測量を行っている。そして1997年には韓国海洋研究所（現・韓国海洋科学技術院）、韓国資源研究所（現・韓国地質資源研究院）、国立海洋調査院が地形、重力、地磁気等を調べたのである。いずれによせ、民間、政府を問わず、過去から竹島が調査の対象であったことを確認しておこう。

さて、ここで紹介したいのが「竹島生態系等基礎調査研究」[12]である（以下、「第一次調査」とする）。同調査は海洋水産部により1999年から2000年にかけてなされた。それでは第一次調査の目新しさは過去の研究と比べてどこにあったのだろうか。それは第一に政府主導であった点、そして第二に竹島に対する総合調査であった点にある。この研究は、両者が合わさったからこそ（韓国側から見た場合）意義を有するのだった。

実は先ほど紹介した民間による諸研究は第一次調査で批判の対象となっている。なぜだろうか。各研究は「断片的に遂行され、総合的分析が難しく、生産された資料の互換性が欠如」[13]していたのである。研究主体がバラバラであり、それぞれの調査対象、手法は異なる。調査項目も限定的であった。竹島研究を志向していたものの、それを先行研究として利用するのが困難な状況にあったのである。

これを乗り越えるための調査が第一次調査なのである。いわば将来にわたって積み重ね可能な総合調査を志向したわけである。事実、当該研究は韓国海洋研究所（現・韓国海洋科学技術院）が主導したが、それ以外にソウル大学、漢陽（ハニャン）大学、光州（クァンジュ）大学、東国（トングク）大学の各教授、国立海洋調査院、韓国資源研究所、韓国海洋水産開発院、韓国野生化研究所、国立中央科学館、水産業協同組合等からも研究要員を得ており、また資料等の提供であればそれ以外の機関（海洋警察庁、鬱陵郡庁、鬱陵警察署、竹島灯台等）からも支援を受けていた[14]。韓国国内の多くの研究部門、専門家、行政機関が関与したわけである。

それでは、政府主導で行うことの重要性は何だろうか。この点を韓国海洋研究所は竹島の領有権問題とからめて説明している。彼等は韓国の領有権主張の正当性を訴える際、実効的支配の側面に注目しているのである。そして、かかる観点から竹島総合調査を行い、世界にその研究成果を伝達するというのであった。以下、参照されたい。

「このような自然生態資料の結果物を、国際社会に大韓民国の名で配布し、竹島が韓国で科学的、平和的に管理されていることを知らせるべきだろう。このような措置は、実効的支配を強化する方案として評価できるだろう」[15]

以上の論理、見覚えがないだろうか。2005年、海洋水産部が論じた対抗措置で使用された論理を想起されたい。あのときも彼等は、竹島の調査を実効的支配強化という概念で説明し、さらにその結果を広報すると論じたのである。彼等にとり、竹島近海に関する知識を取得するということは、実効的支配という概念と関わっているのであった。そしてその研究成果を宣伝することにより韓国政府の領有権主張が有利になるとの論理を有していたのである。反対に、1999年以前の研究は領有権主張を展開するうえで有意義とは言い難かったわけである。ここで以下の指摘も参照されたい。やや長いが、第一次計画に記載されていた説明であり、彼等の考えを理解するうえで極めて重要な指摘である。

「本研究は既存の、散発的に遂行されてきた（散発的に調査されてきた－筆者注）竹島周辺海域の自然的特性を、初めて政府主導で総合的に体系的な調査を遂行したという点で意義がある。本研究の結果を国際社会に伝播することにより日韓領有権論争のとき、竹島を科学的な国土管理対象と見なし、実効的な管理をしているという根拠として活用できるだろう。竹島に対する領有権は歴史的な権原がどこにあるのか、誰が実効的支配をしているのかに問題が帰着するものと考えられるところであり、現在、実効的な占有をしているわが国が竹島に対し総合的で体系的な調査を持続的に遂行し、国土管理を行っている点を国際社会に認識させ、広報すべきだろう。既存の竹島に対する調査は個人または民間団体次元で遂行された関係により、調査分野および期間が制限され、これにより充分な資料の供給が成し遂げられなかったのが実情だった。したがって、将来も政府が主導し、自然科学的な調査を季節別、または月別に持続的に遂行し、現在まで、充分でなかった調査および間違った資料の補正作業を進行することが何よりも重要だと考える」[16]

それでは具体的にどこで調査を実施したのだろうか。実は調査領域は広く、かつ観測か所も多い。それゆえ、本節は海洋水産部が実効的支配強化の名の下、志向した海洋調査－すなわち竹島近海における水産資源調査、竹島の海洋生態系および環境変化に関する定期モニタリング体制の構築－に注目して、その一部を紹介しようと思う。

まず、竹島を中心とした放射型の調査地点がある[17]。図 3-4 における A0 から A20、計 21 か所に注目して頂きたい。調査地点の間隔は約 5 マイル[18]。調査目的にしたがい、すべて、あるいはその一部を使用し、データを収集していたのである[19]。

調査項目についても記しておこう。海洋生態系調査であれば超微細プランクトン、動物プランクトン、仔稚魚、中型・大型低棲生物等を、海洋特性分布調査であれば水温、塩分等を、そして水質環境調査であれば重金属、有機汚染物質等を調査したのだった[20]。

なお、この調査は時期選定の面でも工夫が加えられていた[22]。従

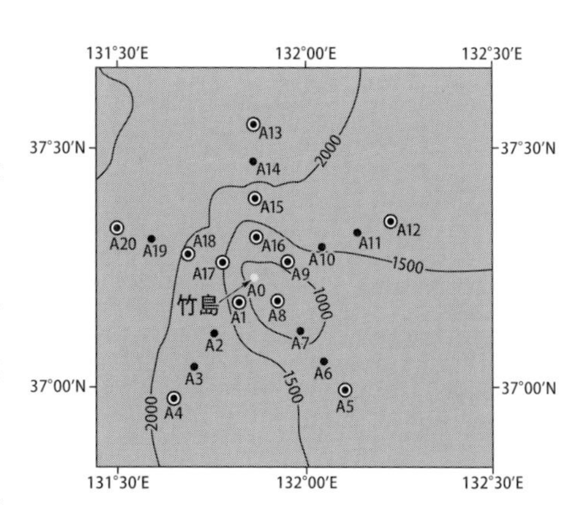

図3-4 竹島を中心とした放射型の調査地点
(A0からA20)[21]

来の竹島調査は夏季に集中していたのである。それゆえ、海洋水産部による第一次調査はあえて春季、秋季（1999年9月／10月と2000年5月）の調査を試みたのであった。

次に竹島沿岸域における調査地点も確認しよう。当点は海洋生物資源調査の際、利用されたのである。実はこの調査、具体的には漁具漁業調査と潜水調査に二分される[23]。前者は刺網、筌（うけ）を使った漁獲調査であった。一方、後者は実際にダイ

表3-1　21個調査地点の位置[24]

定点	位置	
	緯度	経度
A00	37° 13.809'	131° 51.764'
A01	37° 10.735'	131° 49.259'
A02	37° 06.919'	131° 45.689'
A03	37° 02.573'	131° 42.374'
A04	36° 59.181'	131° 38.150'
A05	37° 00.377'	132° 06.342'
A06	37° 03.498'	132° 02.810'
A07	37° 06.778'	131° 59.202'
A08	37° 10.854'	131° 55.688'
A09	37° 15.649'	131° 57.504'
A10	37° 17.414'	132° 02.316'
A11	37° 19.110'	132° 08.818'
A12	37° 20.382'	132° 13.396'
A13	37° 31.656'	131° 50.003'
A14	37° 28.130'	131° 51.030'
A15	37° 22.758'	131° 51.769'
A16	37° 18.515'	131° 52.120'
A17	37° 15.070'	131° 46.260'
A18	37° 16.895'	131° 40.625'
A19	37° 18.529'	131° 35.597'
A20	37° 19.448'	131° 29.459'

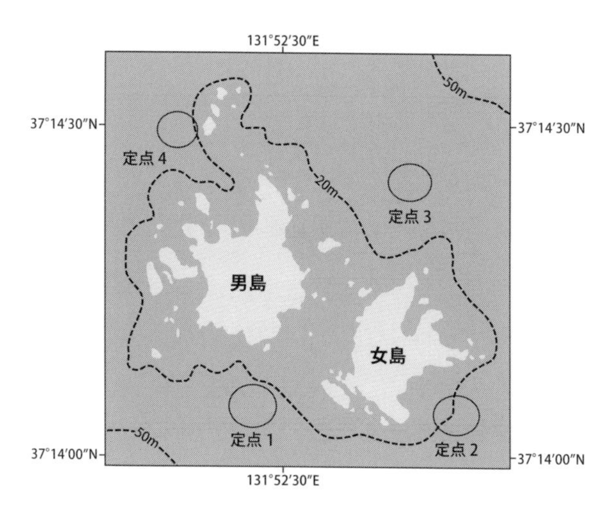

図3-5 漁具漁業調査の調査地点（定点1 - 定点4）[25]

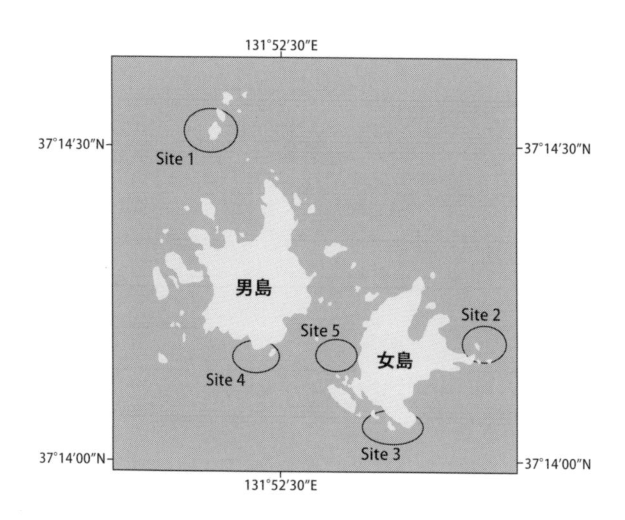

図3-6　潜水調査の調査地点（Site1 - Site5）[26]

バーを５つの地点で潜らせて、海藻類、無脊椎動物、そして魚類等の調査を実施したのである。

さて、彼等は極めて強い政治目的を有して海洋調査活動に邁進していたわけで

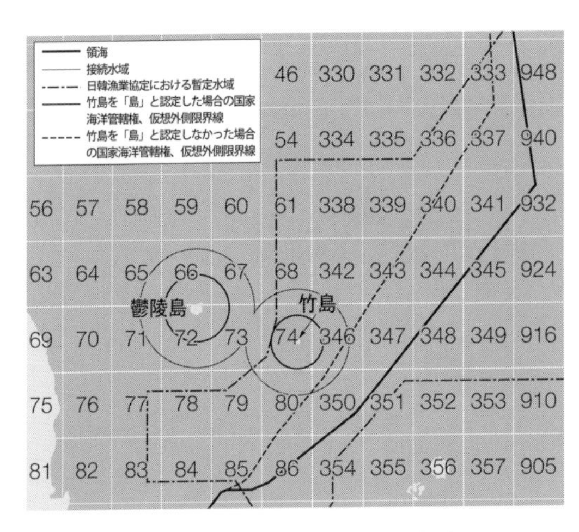

図3-7 竹島周辺漁場（74海区／346海区）[29]

ある。事実、海洋調査の遂行が、竹島の実効的支配強化策として位置づけられていた。ここで、韓国側から見た竹島近海の政治的価値を理解するため、あえて竹島の経済的価値（水産資源）を確認しておこう。

竹島周辺漁場は74海区と346海区に分かれるのだが(図3-7参照)、そこではスケトウダラ、スルメイカ、カレイ等がとれる[27]。74海区の生産額が約84億ウォンである一方、346海区は生産額が約39億ウォンとなる[28]。

確かに346海区と対比すれば74海区の経済価値は大きい。しかし、韓国全体の水揚げの中で竹島周辺漁場が占める割合は決して大きいとは言えず、生産額の面で見れば、その占める割合は1%以下である[30]。彼等はこのような漁場を積極的な調査の対象としているわけである。逆説的ながら、その政治的価値－実効的支配強化策－の大きさが確認できるのではないか。

ここで議論を戻したい。1999年から2000年にかけて彼等は初めて政府主導の竹島総合調査（第一次調査）を実施したのだった。そして、ここで時間軸が少し進む。2004年から2005年である。このとき、海洋水産部は新たな調査に乗り出したのである。「竹島海洋生態系調査研究」[31]である。いわば、2度目の政府主導の竹島総合調査が行われたのだった（以下、「第二次調査」とする）。

この調査を通して、彼等は大きな進歩を成し遂げる。それは、第一次調査によって批判されていた点－「(従来の研究は）断片的に遂行され、総合的分析が難しく、生産された資料の互換性が欠如（していた）」という点－を乗り越えたのである。いわば、互換性が欠如した竹島研究の生産を食い止め、積み重ね可能な竹島研究を行うことに成功したのだった。

具体的に見ていこう。研究機関や研究責任者等は前回の調査から（全員ではないにせよ、一部）引き継がれており、調査地点も同じものが使われた。たとえ

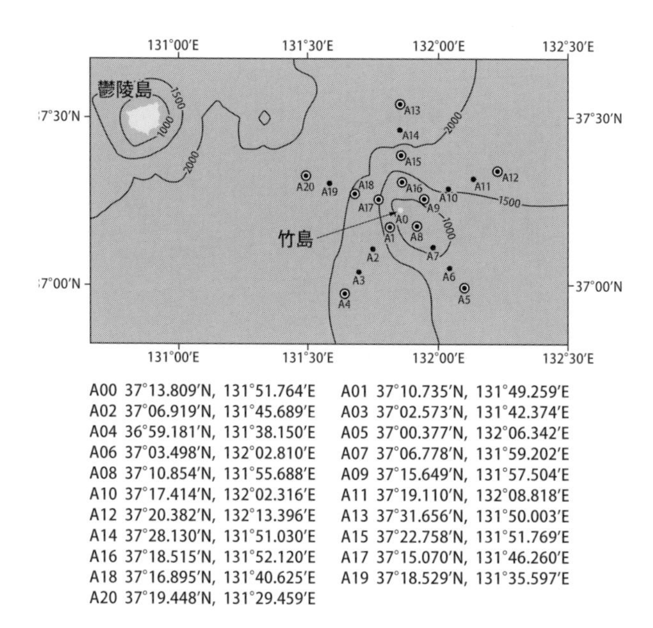

A00	37°13.809′N, 131°51.764′E	A01	37°10.735′N, 131°49.259′E
A02	37°06.919′N, 131°45.689′E	A03	37°02.573′N, 131°42.374′E
A04	36°59.181′N, 131°38.150′E	A05	37°00.377′N, 132°06.342′E
A06	37°03.498′N, 132°02.810′E	A07	37°06.778′N, 131°59.202′E
A08	37°10.854′N, 131°55.688′E	A09	37°15.649′N, 131°57.504′E
A10	37°17.414′N, 132°02.316′E	A11	37°19.110′N, 132°08.818′E
A12	37°20.382′N, 132°13.396′E	A13	37°31.656′N, 131°50.003′E
A14	37°28.130′N, 131°51.030′E	A15	37°22.758′N, 131°51.769′E
A16	37°18.515′N, 131°52.120′E	A17	37°15.070′N, 131°46.260′E
A18	37°16.895′N, 131°40.625′E	A19	37°18.529′N, 131°35.597′E
A20	37°19.448′N, 131°29.459′E		

図3-8　竹島を中心とした放射型の調査定点（2004-2005）[32]

ば調査は韓国海洋研究院主導でなされている（同院は韓国海洋研究所の後身）[33]。これは第一次調査と同様である。そして総括研究責任者は朴賛弘（パクチャンホン）[34]。第一次調査では細部研究責任者として参加していた人物である[35]。

調査した場所も確認しよう。図3-8は第二次調査で使用された放射型の調査地点である。緯度経度を確認されたい。第一次調査と同様の場所でデータ採取をしていることがわかる。事実、彼等自身、当該研究において第一次調査で得られたデータとの比較にも言及しているのである[36]。これは従来の研究では得られなかった成果だった。いわば、積み重ね可能な竹島研究の登場であるといって良い。それを第一次調査同様、彼等は政府主導で行ったのであり、成果物を広報する意義にも言及しているのである[37]。

さて、互換性の確保は放射型の調査地点だけでない。第二次調査でも竹島沿岸域における生物調査を実施しているのだが、当該部分に関する報告の冒頭では「2000年に実施した定点と同一の地域で実施した」[38]と論じている（ただし、調査当日、波が高かったため、一部調査しかできなかったとも論じている[39]）。先ほど取り上げた、放射型の調査地点に基づいた研究同様、ここでも第一次調査と第二次調査、それぞれで得られたデータを対比して研究を推し進めているのである[40]。

以上から見てわかるように、彼等は第二次調査をもって、ひとつの方向性を示すことに成功した。まず、第一次調査により政府主導の竹島総合調査を実施することに成功している。そして、それが実効的支配強化策と位置づけられており、そうであればこそ、彼等は研究成果の広報に言及したのである。この流れは第二次調査でも変わらない。以下、第二次調査で記されていた説明である。

「本研究は、対外的に日本の持続的な竹島領有権主張に備え、竹島に対する実効的支配国として、国土の自然形成資料を確保することにより、優越的な地位の確保と国際的な広報の必要性に応えようと遂行した」[41]

まさに、積み重ね可能な竹島研究の誕生である。ただ、ここで問題がある。第二次調査は彼等が抱いていた懸念をすべて解決できたわけでもないのである。それは何だろうか。継続性の問題である。第一次調査と第二次調査の間には4年間の空白が存在する。継続性に難があったと言わざるを得ない。

しかし、ここで思わぬ追い風が吹くこととなる。それが「竹島の日」の制定である。第二次調査の最終報告書が出た2005年、事態は再び動くのであった。この点は次節で論じよう。

3.4 竹島の持続可能な利用に関する法律

2005年3月、「竹島の日」が制定された。そして、それに対し動きを見せたのは韓国政府（海洋水産部）だけでない。韓国の国会もまた行動に出たのだった。同年4月26日、彼等は「竹島の持続可能な利用に関する法律」案を可決したのである。さて、それでは同法自身、いかなる特徴を有するのか。立法作業を主導した李始鐘（イシジョン）委員は以下五点にまとめて説明している。参照されたい。

「第一に、竹島と周辺海域の海洋生態系と海洋水産資源の合理的な管理・利用方案を定めることにより、竹島の持続可能な利用を下支えすることをこの法案の目的とし、

第二に海洋水産部長官は竹島の持続可能な利用のための基本計画を5年ごとに樹立し、毎年度施行計画を樹立するようにし、
第三に竹島の持続可能な利用のための基本計画を審議するため、海洋水産部長官を委員長とする竹島持続可能利用委員会を構成するようにします。
第四に、竹島の海洋生態系および海洋水産資源に関する知識情報の円滑な生産と普及のため、データベースを構築できる根拠と、関連研究を遂行できる研究機関の設立および指定根拠を準備し、
第五に、竹島義勇守備隊員の支援に関する事項と竹島義勇守備隊に関する学術研究、記念事業の推進および竹島義勇守備隊員の国立墓地への安らかな埋葬に関する事項を含めました」[42]

さて、上記内容は（本章3.2で取り上げた）3月22日の海洋水産部による対日措置と重なる点がある。竹島における海洋生態系、海洋水産資源に言及しているのだった。しかし、ここで確認したいのは、そこではない。同法の第4条第1項、第5条の2、4、そして第9条第1項に注目したいのである（なお、同法は度々改正されており、ここでは制定当初のものを使用する[43]）。以下、参照されたい。

第４条第１項

海洋水産部長官は、竹島の持続可能な利用のための基本計画を５年ごとに樹立、確定しなくてはならない。

第５条

基本計画には次の各号の事項が含まれなくてはならない。

2　竹島と竹島周辺海域の生態系と自然環境の保全に関する事項。

4　竹島周辺海域の海洋水産資源の利用のための研究・調査に関する事項。

第９条第１項

海洋水産部長官は第５条各号の事項と関連した研究を遂行するため、研究機関を設立、指定・運営したりできる。

第5条より、彼等が竹島周辺海域において海洋水産資源の調査を法に明記した点がわかる。さらにその調査事業が第4条第1項により長期計画の対象となってしまったのである。いわば単年度の竹島調査ではなく、長期間の調査を行ううえでの法的土台ができたわけである。そして同法制定以後、竹島調査は海洋水産部による一事業ではなく、法定調査となってしまった点も確認しておこう。さらに第9条第1項により竹島近海調査を担う研究機関も法律により定められることとなった。そして、その指定を受けることができた機関こそ、今まで第一次調査、第二次調査を主導した韓国海洋研究院なのである。指定を受けた同院は2006年6月、「竹島の持続可能な利用研究」を開始する[44]。なお、その研究責任者は朴賛弘[45]。第一次調査、第二次調査からの人的継続性も確保されているのである。

さて、ここで時間を少し戻したい。法律制定以後の動きを見ておこう[46]。2006年1月、「竹島持続可能利用委員会」が構成され、同年、1月から3月にかけて「竹島の持続可能利用基本計画」の案が準備されている。そして4月11日、先ほどの委員会が同案を審議しているのであった。なお5月4日には姜武賢（カンムヒョン）海洋水産部次官が「竹島の持続可能な利用基本計画」を発表している[47]。そして、それにより莫大な予算が論じられていることを確認できるのである。

そこでは5年間に約342億ウォンの予算が投入される旨、説明している。なお、

表3-2 「竹島の持続可能な利用に関する法律」に付随した投資計画[48]（単位：百万ウォン）

分野別	総事業費	年次別投資所要（年）				
		2006	2007	2008	2009	2010
竹島と竹島周辺海域の生態系および自然環境保全	7,800	1,234	2,710	1,320	1,210	1,326
竹島周辺海域の海洋水産資源の合理的利用	6,870	670	800	1,800	1,800	1,800
竹島内施設等の合理的管理・運用	9,935	2,825	4,560	2,100	300	150
竹島関連知識情報の円滑な生産普及	3,540	670	755	680	805	630
鬱陵島と連携した竹島管理体制の構築	6,100	900	1,500	2,550	560	590
合　計	34,245	6,299	10,325	8,450	4,675	4,496

具体的には5つの分野が立てられた。第一に「竹島と竹島周辺海域の生態系と自然環境保全（78億ウォン）」、第二に「竹島周辺海域の海洋水産資源の合理的利用（約68億ウォン）」、第三に「竹島内施設等の合理的管理・運用（約99億ウォン）」、第四に「竹島関連の知識情報の円滑な生産普及（約35億ウォン）」、そして第五に「鬱陵島と連携した竹島管理体制の構築（61億ウォン）」である。

表3-2からも確認できるように、極めて多額の予算が継続的に投入される予定であったのである。実は、海洋水産部の思惑と異なり、実際は予算が減らされた点もあったのだが[49]、法定調査を支える程度の長期的、安定的な財政基盤ができた点には変わりない。彼等はこのような構図を2005年、確保できたのだった。

さて、本稿の関心は上記5分野のうち、第一、および第二に当たる領域なので、ここで、もう少し詳細に検討しておきたい。

「竹島と竹島周辺海域の生態系および自然環境保全」[50]。これを目的に彼等は竹島、竹島周辺海域の生態系に対するモニタリングを遂行し、調査結果を持続的にデータベース化すると発表した。そして、これを基礎に合理的、科学的基盤の下、生態系の復元および環境保全のため、政策方向を定めるとしたのである。

さて、ここで言う「モニタリング」とは何だろうか。実は周辺海域におけるプランクトンの調査のほか、海水の循環、海流分布、深層水の変化、地質特性等の調査を指しているのである。この点、同法第9条第1項により指定された韓国海洋研究院（朴賛弘）が対処するわけである。なお、同院の後身が本章題目にある韓国海洋科学技術院となる。

一方の「竹島周辺海域の海洋水産資源の合理的利用」にも触れておこう[51]。このため、竹島周辺海域の漁業実態および水産資源の調査を遂行する旨、論じた。こちらの調査は国立水産科学院が対応する。事実、彼等は当該時期、「竹島の持続可能な利用に関する法律」に基づく法定調査として「竹島周辺海域の生態系基盤水産資源研究」を実施しているのである[52]。

この「竹島の持続可能な利用に関する法律」の影響は大きい。同法の制定をもって、第一次調査から彼等が目指していた調査の大枠が完成したこととなる。竹島近海の海洋調査は長期性、安定性を得たのであり、定例化してしまうのである。

3.5 韓国政府の意図

韓国海洋科学技術院所属の「離於島号」、「長木2号」、そして国立水産科学院所属の「探求20号」。これら調査船は竹島近海で調査活動を実施してきた。それでは当該船舶自身、韓国政府のいかなる意図の下、調査に従事しているのだろうか。以下、本章の議論をまとめておこう。

韓国側の意図を理解するためには、時間軸を1990年代後半まで遡る必要がある。そのうえで、第一次調査、第二次調査、そして竹島の持続可能な利用に関する法律の3点に注目する必要があるのだった。

第一次調査で従来の竹島研究は批判の対象とされ、海洋水産部は政府主導の竹島総合調査を実施した。そして、その調査が竹島における実効的支配強化策として位置づけられていたことも確認されたい（その法的評価は別問題である。本章の注6を参照）。そうであればこそ、彼等はその研究成果を内外に広報するとの立場をも有していたのだった。

さて、その第一次調査にも限界は存在した。積み重ね可能な竹島研究ではなく、さらに研究の継続性でも心細いものがあったのである。これに対処できたのが第二次調査であり、竹島の持続可能な利用に関する法律である。前者により調査地点、調査機関等が引き継がれ、対比可能な研究が生産されることとなる。また後者により彼等は、継続的な竹島調査の基盤を構築することに成功したのだった。

以上から、本章の議論をまとめることができるだろう。韓国政府の意図とは何か。竹島を政府主導で総合調査する。そして、それこそが同島への実効的支配強化策となると捉えていたのである。いわば特定地点で採取されるプランクトンや塩分濃度、水産資源の実態を把握していることが領有権主張を展開するうえで有利だとの思いを抱いているのである。以上の思いがあればこそ、彼等は1990年代後半から積み重ね可能で、継続的な水産資源調査、海洋生態系調査を志向したのであった。もちろん、その研究成果を内外に広報[53]することは言うまでもない。これらがすべてセットなのである。かかる政府の意図の下、韓国海洋科学技術院、そして国立水産科学院[54]等は竹島近海で調査活動を実施していたのである。「離於島号」、「長木2号」、そして「探求20号」等を竹島近海で確認したとき、我々は以上のような経緯や狙いがあったことを想起する必要があるだろう。彼等はあくまで、実行部隊に過ぎないのである。

竹島（総合）海洋科学基地

4.1　未建設の海洋科学基地

今までの議論を確認しよう。各章、いずれも韓国政府の主張を明らかにしようとしてきたわけだが、テーマはそれぞれ異なる。第1章では日韓のEEZ境界を、第2章では竹島警備を、そして、第3章では竹島近海調査を扱ってきた。

さて、以上はいずれも、韓国政府自身、実践に移した諸政策であったという共通項がある。その点に注目した場合、本章で扱おうとするテーマは、従来の議論とやや性格を異にする。ここで扱うのは竹島近海の海洋科学基地[1]である。竹島領海内に建設を予定していた同基地の存在は、日韓対立を招来するだろう。しかし、それと同時に確認しておくべきことがある。少なくとも本書執筆時現在、韓国政府は同基地を建設していないのである。

ここで、もう少し説明を加えたい。1996年1月25日、韓国は海洋開発基本計画の大統領裁可を済ませた[2]。以後、同国は一度ならず、二度に渡って、竹島近海に海洋科学基地を建設しようとしたのである。それだけではない。その事業は二度とも取りやめとなったのである。

ここで図4-1を確認されたい[3]。これは二度目の事業のときに提示されたイメージ図である。上図が竹島総合海洋科学基地の建設予定位置、そして下図が竹島総合海洋科学基地の鳥瞰図である。設置予

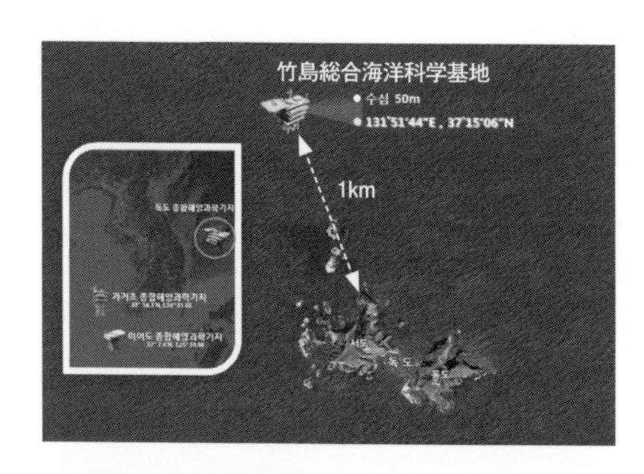

図4-1　竹島総合海洋科学基地の建設予定位置
および鳥瞰図

定か所は竹島（男島）北北西約1㎞であり、韓国政府は日本政府が領有権を主張する竹島を基点とした領海内に、このような基地を建設しようとしたわけである。

さて実は、基地建設の工事が取りやめとなっても（日本側にしてみれば）なお安心できない理由があるのである。本章はこの点を論じようと思う。ただ、そのためには、何より基地問題に伴う歴史を理解することが重要となるだろう。その流れの中にこそ、ヒントがあるためである。それでは以下、基地建設をめぐる経緯を論じることとしたい。

4.2 第一次・竹島基地建設事業

(1) 離於島(イオド)総合海洋科学基地に続く二番目の事業

1996年8月、韓国で政府組織法が改正された。これにより韓国の海洋行政を一元的に担う政府部署－海洋水産部－が創設されたわけである[4]。ただ同年1月、韓国政府はすでに海洋開発基本計画を樹立していたのだった[5]。これは海洋開発基本法第3条に基づいて立てられたものである。新しい政府部署－海洋水産部－はできたものの、当初はこの計画が韓国の海洋政策を牽引することとなるのである。実は同計画において、韓国の東方、南方、西方の各海域に海洋科学基地を創設する旨、謳っていたのであった[6]。そして、その東方海域の設置場所として浮上したのが竹島なのである。

ここで確認しておこう。竹島海洋科学基地（以下、竹島基地とする）は単独事業でない。韓国を中心とした三方向の海域における基地建設事業の一環として同基地があったに過ぎないのである。

さて、その竹島基地だが、実はモデルとなった事業がある。それが離於島総合海洋科学基地である（以下、離於島基地とする）。同事業で得られた経験をもとに、竹島基地の建設が志向されたのだった。それゆえ、まずは離於島基地の概略を確認しておこう。

そもそも離於島は「島」と銘打っているものの、実態は水中に存在する暗礁である[7]。東シナ海のほぼ中央に位置しており、水深50 mの場所に、南北1,500 m、東西750 m程度の大きさで広がっている。なお、暗礁頂上部は水深4.6 m。そこに現在、離於島基地が存在している。図4-2でその位置を確認されたい。

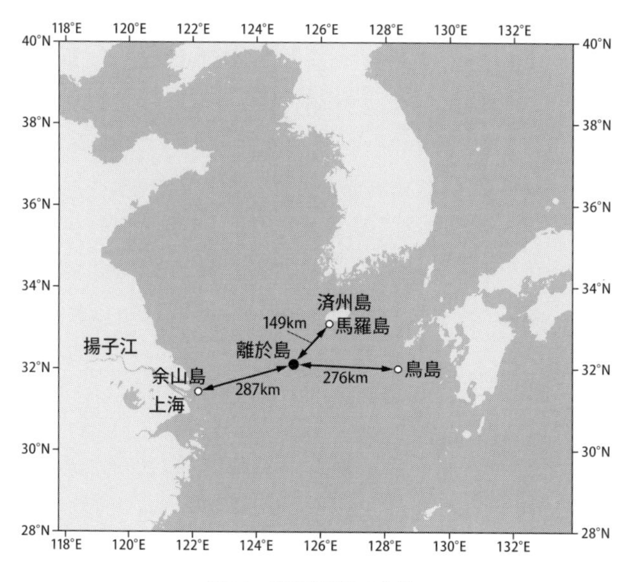

図4-2　離於島基地の位置[8]

さて、韓国政府が同海域に海洋科学基地の設置を希求した理由は何か。その点、彼等は理由を3点挙げている[9]。第一に台風、温帯性暴風の早期予報を図ること。そして的中率の向上を通した災害の予防、災害の減少を図ること。第二に離於島近海における漁況の予報的中率を高め、漁獲量を増大させること。第三に船舶通行路に固定灯台を設置することにより、海上交通の安全、そして航路短縮を目指すことである。彼等は以上を念頭に、1994年10月には現場調査を実施し、同年12月から1995年12月まで精密調査を行ったのだった。さて、これが、どのように竹島基地に繋がるのだろうか。この点を以下、確認しよう。

1996年11月7日、李相培(イサンベ)委員が国会で、領海の基点となる最端地域－「日本海の鬱陵島(ウルルンド)／竹島」、「韓国南方海域の加波島(カパド)／馬羅島(マラド)」、そして「黄海の白翎島(ペンニョンド)／大青島(テチョンド)／小青島(ソチョンド)」－への集中開発、そして前進基地を設置することの重要性を説いた[10]。これに対し、海洋水産部は当時推進中であった離於島の海洋科学基地建設に触れつつ、将来的には竹島と白翎島にも海洋前進基地を創設することを検討している旨、明らかにしたのである[11]。

先ほど確認したように、韓国政府は同国三方に海洋科学基地を設置する旨、論じていた。そして上記見解からわかるように、竹島（韓国東方）、そして白翎島（韓国西方）が基地の候補地であり、離於島（韓国南方）とセットで扱われていたのである。それだけではない。翌年1997年に提示された1998年度予算案には新規事業として「竹島海洋科学基地の構築」が掲載されたのである[12]。そして1998年10月、海洋水産部は将来、竹島に海洋科学基地を建設する旨、国会で発表し、今年中（すなわち1998年）に事業が始まり、2001年までに構造物、観測装備の設置を完了する予定だと論じたのであった[13]。海洋水産部が指摘するところの「離於島総合海洋科学基地構築に続く二番目の事業」[14]の始まりである。

さて、このとき、事業工程や目的も明らかにされた[15]。事業期間は1998年から2001年となっており、1998年に海洋科学基地の概念設計、現場海洋調査が行われる。1999年には事業着手。2000年には設置位置のボーリング、実施設計、観測制御システムの設計、観測装備の購入が行われ、2001年には構造物の製作・設置、観測装備設置、基地の臨時運営という流れである（ただし、表4-1に見られるように、翌1999年には事業工程に若干の変化が現れる）。

なお目的は、金善吉（キムソンギル）海洋水産部長官自身、「海洋観測、気象予報、漁場予報、海難災害防止等のための科学的資料提供」[16]と指摘しており、この点では離於島基地のそれと類似している。ただ、目的はそれに留まるものでない。同氏は合わせて「竹島近隣海域の観測資料を全世界に提供し、竹島がわが領土であることを広報」[17]するとも論じたのであった。同基地と領有権問題は当初から切り離せない関係にあったのである。

（2）竹島基地建設事業の取りやめ

計画どおりであれば、海洋科学基地は竹島近海においてすでに存在しているはずである。事実1998年11月9日には海洋水産部長官自身、「2002年か2001年には海洋基地をそこに（竹島に－筆者注）作ります」と国会で答弁している[18]。実は同日、海洋水産部は書面で「2001年」[19]まで構造物、観測装備の設置を完了する旨、国会に返答しており、この点で長官が論じた時期と微妙に異なるのだが、2001年にせよ、2002年にせよ、少なくとも大幅な遅延は想定されていなかったのである。

さて、表4-1が1999年に発表された竹島基地の予算である[20]。1998年には1億ウォンが「現場海洋調査」に使用されており、1999年にも1億ウォンが「設

表4-1 竹島海洋科学基地に関する年次別投資実績および計画（単位100万ウォン）

	～1997年	1998年	1999年	2000年	2001年～
現場海洋調査	-	100	-	-	1,500
設計および作業条件の算出	-	-	100	-	300
装備購入および観測・制御システム設計、製作	-	-	-	-	850
構造物設計、製作、設置、管理	-	-	-	-	4,340

計および作業条件の算出」に当てられている。また2001年以後にも多くの予算が使用される予定であったことが理解できよう。

以上の道筋に異変が生じたのは2000年に入ってからであった。同年5月、本章冒頭で指摘した海洋開発基本計画が「21世紀に展開される知識化、情報化、世界化等、海洋水産の全般的な与件変化に能動的に対処」[21]することを名目に、全面修正されてしまったのである。これにより新たな計画、「海洋開発基本計画海洋韓国（Ocean Korea）21」が誕生したのだった。そして以後、韓国の海洋行政は新たな計画の下、執り行われることとなる。ただ問題は、竹島基地がどうなったかである。

2000年10月31日、海洋水産部が国政監査を国会で受けている。その際、まさに当該問題－すなわち竹島基地に関する問題－が議題に上がってしまったのだった。それではなぜ、そのような事態になったのだろうか。実は次年度予算に竹島基地関連事業が反映されていなかったのである。それこそ委員から「(事業を－筆者注) 放棄したのですか」[22]と質問されてしまう有様であった。この問題に関し、海洋水産部は、以下のように回答している。

「同事業は（竹島基地のこと－筆者注）1996年1月、海洋開発基本計画にしたがい、日本海、韓国南方海域、黄海の国土尖端に各1個ずつ、わが国で初めて、遠海に大型海上構造物を設置し、リアルタイムによる気象および海洋モニタリングを通して、海洋、気象、漁場予報等の機能を遂行する事業です。竹島海洋科学基地は現在、1998年度に1億ウォンの予算を投入して、まず、科学基地の設置位置、規模決定および観測装備の選定等、構造物の概念設計を遂行して、基地構築の基礎データを確保している状態です。本事業は台風観測等のため、基地構築事業のうち、運営が最も急がれるものと判断されている離於島基地の運営結果を見つつ、事業推進の可否を決定することが望ましいという判断にしたがい、現在、一時留保しているものであり、離於島基地構築が完了する2002年以後に再着手の可否に対し、検討する計画です」[23]

2000年11月28日、この問題が再度、国会で取り上げられている。朱鎭旴委員が「竹島海洋科学基地構築事業も急いで推進しなくてはならない」[24]と論じたのだった。しかし、これに対する海洋水産部の回答に変更があったわけでない。やはり離於島基地の運営結果を見つつ、事業推進の可否を決定するとの立場を表明したのである[25]。先行している離於島基地を前にして、竹島基地の存在が影に隠れてしまったのだった。ただ、これにより同基地の建設事業が白紙撤回されたわけでない。あくまで一時的に取りやめただけである。事実後年、基地建設事業は日本への外交的対抗措置という文脈の中、再度、復活するのであった。ただ、それは次節で論じよう。

4.3 第二次・竹島基地建設事業

2008年7月14日、日本の文部科学省が『学習指導要領解説』を配布した[26]。これを前後して、韓国の国会は騒然とするのだった。同書が竹島に対する日本の領有権を論じていたためである。

実は、配布前から当該問題は韓国で議論の対象となっており、7月11日には同国国会本会議が「日本国の竹島領有権主張中断を求める決議案」を採択している[27]。ただ、彼等の決議採択も空しく、配布を食い止めることはできなかった。

さて、かかる状況下の7月21日、鄭鐘煥国土海洋部（海洋水産部の後身）長官は国会で以下のように発言したのだった。

「2006年に竹島の持続可能な利用基本計画を樹立して以来、昨年まで49億ウォンを投入して竹島接岸施設整備等、9個事業を完了し、今年度には84億ウォンの予算を確保し、14個の事業を推進中です。今後、すでに樹立さ

> れた事業を蹉跌なく推進するとともに、あわせて総合海洋科学基地等、最近、新規で提案されている事業に対しても具体的な検討を経て、推進する計画です」[28]

当該時期、竹島における海洋科学基地が検討対象であるということのみならず、さらに一歩進めて、推進する計画でもあることが国会で論じられたわけである。この重みは2005年の事態と対比したとき、わかりやすいだろう。

2005年3月、韓国は島根県による「竹島の日」制定で揺れていた。同月22日、李始鐘（イシジョン）委員が当時一時的に取りやめている状態にあった竹島における海洋科学基地建設事業を国会で取り上げたのである[29]。しかし、このときの政府の回答は実に、素っ気無いものであった。以下、参照されたい。

> 「同事業（竹島基地のこと－筆者注）は1998年に着手する予定だったが、関係機関と協議した結果、充分な時間をかけて、事業推進を検討することと決定した」[30]

これほど日韓間で緊張が高まった時期でも、「充分な時間をかける」という名分の下、同基地は一時的な取りやめ状態のままだったのである。しかし、それからおよそ3年後の2008年、国土海洋部は国会で竹島基地建設事業を推進する計画である旨、論じたのだった。

この動きに拍車をかける流れができあがる。2008年8月4日、政府合同竹島領土管理対策団（以下、「対策団」とする）が創設されたのだった。同組織は国務総理訓令[31]により誕生したものなのだが、以下、その目的と機能を確認されたい。

第１条（目的）

わが国の竹島の領土管理と環境保全関連事項に効率的に対応するため、政府部署間の共助体系を維持し、各部署の関連対策を協議、調整するため、国務総理室に政府合同竹島領土管理対策団を置く。

第２条（機能）

政府合同竹島領土管理対策団は次の各号の事項を協議、調整する。

1　わが国の竹島領土管理強固化事業に関する事項。

2　竹島および周辺水域の環境保全に関する事項。
3　初等学校、中学校、高等学校等での竹島教育強化に関する事項。
4　竹島に対する国際社会の理解増進のための必要な事項。
5　そのほか、竹島領土管理と関連した、対策団の長が必要と認定し、会議に付議する事項。

以上から見てわかるとおり、対策団は、政府組織間の竹島関連政策調整機関としての役割を担うこととなった。そして、注目すべきは、その調整事項である。「竹島領土管理強固化事業」が調整対象なのであった。そして竹島基地は対策団が中心となって対処したのである[32]。

さて、参加部署は複数に渡る。教育科学技術部、外交通商部、国防部、行政安全部、文化体育観光部、環境部、国土海洋部、警察庁、文化財庁、海洋警察庁、慶尚北道および、そのほか、団長が認める部署とされた[33]。

このような調整機関ができた点は、（韓国側から見て）重要であろう。彼等は以後、各省庁単独で竹島領土管理強固化事業を行うのではなく、政府一丸で対処するようになったのである。

実は対策団（国務総理室）自身、今後の竹島関連対応体系をも説明している。従来の方法を2点、変更するというのである[34]。第一に「（竹島問題を念頭に、従来行ってきた）静かな外交」を「積極的で戦略的な領土管理」に変えること。さらに第二に「（政府それぞれの）部署別対応」を「竹島領土管理対策団を中心とした汎政府的対処」にする旨、論じたのだった。

さて、竹島に関する方針が変更された。調整機関もできあがった。次の論点は具体的な事業である。事実、対策団は自らが作成した報告書で以下のように論じている。

「竹島に対する領土管理強化のため、竹島持続可能利用計画ですでに推進中の14個の事業とともに、追加で28個の新規事業を発掘、調整（2008年8月）」[35]

韓国政府は竹島関連事業の拡大を図ったのだった。その具体策が表4-2に記された28個の新規事業なのである[36]。そして、そのうちのひとつこそ、竹島基地の建設なのであった。

表4-2　28個の新規事業

事業名	担当部署
竹島警備隊のヘリポート補強	警察庁
竹島警備隊の油類貯蔵所交換	警察庁
竹島警備隊の補給品運搬施設整備	警察庁
竹島海域警備航空機の位置情報装置設置	海洋警察庁
竹島史料発掘事業	外交通商部
竹島表記対応事業	外交通商部
竹島警備隊の電気、通信ケーブル整備	警察庁
竹島警備隊のレーダー交換	警察庁
竹島警備隊の CCTV 交換および修理	警察庁
竹島総合海洋科学基地の建設	国土海洋部
男島の住民宿所拡張	国土海洋部
竹島現場管理事務所の設置	国土海洋部
安龍福（アンヨンボク）記念館の建立	国土海洋部
小中高教師研修および公務員対象竹島教育の強化	教育科学技術部
中高生の「韓国史、正確な理解大会」	教育科学技術部
竹島関連資料解題集の発刊	文化体育観光部
海外主要図書館の動向分析事業	文化体育観光部
国立中央図書館における竹島関連資料の調査・収集	文化体育観光部
全世界の地図資料収集および資料室の設置・運営	教育科学技術部／竹島研究所
鬱陵一周道路の開通	国土海洋部

沙洞(サドン)港の二段階開発	国土海洋部
竹島防波堤の建設	国土海洋部
竹島定住村の造成	国土海洋部
国立鬱陵島竹島生態研究教育センターの設立	環境部
鬱陵島竹島気象観測所の設置	環境部／気象庁
竹島韓国資源化方案の準備	文化体育観光部
首都圏竹島博物館の建設	国土海洋部
鬱陵島海軍基地へリポートの拡張	国防部

対策団が、その創設当初から新規事業推進に関心を抱いていたことは彼等の会合からも見てとれる。対策団は数多くの会合を開催しているのだが、その中でも、いわゆる領有権強固化事業とされるもの、新規事業に関するものが早期に議題として挙げられていたのである。以下3点[37]、参照願いたい。

第一次会議（2008年8月4日）の議題
　領有権強固化事業の推進現況

第二次会議（2008年8月12日）の議題
　竹島関連新規事業を「竹島の持続可能な利用計画」に反映させる方案

第五次会議（2008年9月18日）の議題
　分期別・新規事業推進計画

以上を勘案したとき、『学習指導要領解説』の配布が基地建設再開の重要な契機であった点が見てとれるだろう。事態は2008年、動き出すのであった。さて、ここで確認したい点がある。彼等が一時的に事業を取りやめると主張する場合、それは事実上の白紙撤回や婉曲的な事業の断念等を訴えるものでは決してないということが明らかとなったという点である。そのようにして取りやめた事業が教科書問題を経て、日本への対抗措置として復活してしまったためである。

4.4　文化財保護法と竹島

（1）文化財委員会の審議‐可決

2008年8月、対策団は竹島開発に立ち上がった。しかし、それは順調な船出とも言いがたかったのである。実は、政府内部における対立を内包していたのだった。たとえば対策団設立2か月前の2008年6月に発表された『海洋水産発展施行計画報告書』では「竹島政策の国民的共感帯形成および竹島の持続可能な利用基盤構築」という事業が紹介されている[38]。そこでは同事業が抱える問題点を記しており、「竹島の実効的領有強化の方法論に対する相反する主張（積極的開発論と自然遺産的価値保存論）が共存している」[39]旨、明らかにした。組織設立前から竹島に関し、意見対立が政府部内にあったのだった。もちろん、彼等もその問題は認めており、そうであればこそ「事案別に、関係部署の協議調整を通した汎部署次元の対処が必要」[40]とも論じていたのである。

ただ、この意見の相違はなかなか埋まることはなく、翌年2009年の『海洋水産発展施行計画報告書』では彼等自身、「相反する主張が共存（のみならず－筆者注）対立」[41]していることをも認めるに至ったのである。そして、竹島領土管理対策団を名指ししたうえで、政府部署間の調整、協議を行うと論じたのだった[42]。この趨勢はその後も変わることがない[43]。これは、いかに調整が困難であったかをも物語っていると言えよう。以後の顛末は、この政府内対立を念頭において検討すべきである。

さて、既述したように、竹島基地は当初、「離於島総合海洋科学基地構築に続く二番目の事業」と位置づけられていた。そして、離於島基地の竣工式は2003年6月11日である[44]。韓国政府の説明に従えば、以後の運営結果を見たうえで、竹島基地建設を検討していたこととなる。

ここで論点となるのが韓国の文化財保護法の存在である。竹島は1982年11月16日、同法により「天然記念物第336号」に指定されている[45]。これにより政府は、当該法律に反しない範囲内でしか海洋科学基地を設置できないこととなるわけである。それゆえ、積極的開発論者にして見れば、文化財保護法の壁を突破することなしに事業推進は有り得ないのであり、そうであればこそ乗り越えるべきハードルとなるのであった。

2010年7月26日、国土海洋部は文化財庁に竹島基地の建設が法的に可能か否か検討するよう要請し、2日後の28日、文化財委員会が審議をしている[46]。その後の同年8月25日、「2010年度文化財委員会・第8次天然記念物・分科委員会」が開催されたのだった。ここで竹島基地が文化財保護法に照らして、建設可能か審議されている。設置場所は北緯37度15分5.98秒、東経131度51分43.65秒。指定区域－すなわち竹島（男島）－から1㎞離れている海域である。事業期間は許可日から2012年12月30日としていた。なお、審議結果は可決。これをもって、韓国政府内の積極的開発論者は（既述した、政府部署間の調整問題は残しつつも）法的問題に一定の目途をつけることができたのだった。

さて、ここに新たな環境変化が発生する。翌年の2011年3月30日、日本の文部科学省が中学校社会科の教科書検定結果を発表したのだった。問題はその中身である。韓国側の認識によれば「竹島に対する記述が悪化」[47]したのである。具体的には「竹島を記述した教科書数の増加（10社から12社）」、「『不法占拠』という表現を使用した教科書が増加（1社から4社）」、そして「歴史教科書のうち1社が初めて竹島を記述した」というのである[48]。

もともと、竹島基地建設事業は教科書問題により復活したのだった。そこに新たな教科書問題が降りかかってきたわけである。これを受けて同日－すなわち2011年3月30日－対策団は「総合海洋科学基地の建設を積極推進」[49]するとの立場を表明したのだった。それだけではない。4月1日には李明博（イミョンバク）大統領および金滉植（キムファンシク）国務総理の両者が以下の見解を明らかにしたのである。

李明博大統領

「実効的支配を強化するため、すべき具体的な事業を継続していくだろう」[50]

金滉植国務総理

「領土主権次元から竹島領土管理事業を着実に推進していく」[51]

積極的開発論者にしてみれば、上記見解は（竹島基地を名指ししていないものの）追い風であろう。ただ、誤解をしてはならないのは、事業が領有権強化のみを宣伝文句にしていたわけでないという点である。2011 年 4 月 4 日に国土海洋部が行った事業目的に関する説明を確認されたい。

「日本海、黄海、韓国南方海域における国家の海洋観測網構成事業の一環として、日本海海域の海洋、気象、および自然災害等、リアルタイムの情報を確保」[52]

当該基地の建設は韓国三方における事業の一環であり、リアルタイムで海洋情報等を確保することを志向している。そして大枠として、それを領土管理事業の名の下、推進する。従来、韓国政府が掲げていた事業の方向性に大きな変更は無い。二度目の事業もまた、実用的な利用／研究、そして領有権対策双方を企図していたのである。

（2）文化財委員会の審議 - 否決

竹島基地の建設。韓国にとっては、さぞ重要な事業であったことだろう。それが、どうして再び取りやめとなったのだろうか。ここで国会における動きを確認しよう。2011 年 8 月 22 日、玄伎煥（ヒョンギファン）委員が政府批判を展開しているのである。実は、政府が竹島基地の予算をすべて使用していなかったのだった[53]。

予算を確保しておきながら、一部使用しないという事態に対し、權度燁（クォンドヨプ）国土海洋部長官は以下のように返答した。

「事業計画に対する協議過程で、少し、関係部署間に異なる見方があり、その部分を調整しているところでして、少し時間がかかり、多少、遅延します」[54]

このやり取りは非常に重要であろう。国土海洋部は文化財保護法の審査が終わった後も、関係部署との調整作業が終わらず、その結果、遅延が生じてしまったというのである。これが予算の未使用問題に繋がるのだった。実はこれは深刻な問題を内包している。2010 年度文化財委員会・第 8 次天然記念物・分科委員会は 2012 年 12 月 30 日までに基地を建設するということで許可を出したのである。それゆえ、当該時期の国土海洋部にしてみれば、期限が着々と迫っている状態なのである。

ここで、注目すべきは金星煥（キムソンファン）外交通商部長官であろう。工事期日がいよいよ差し迫った翌年の2012年9月7日、彼は竹島基地建設に対して慎重な見方を国会で明らかにしているのである[55]。以下、参照されたい。

金政祐(キムジョンウ)委員

「わが政府が竹島に総合科学基地を建設する計画を留保したという表現は正しいのでしょうか。留保？」

金星煥外交通商部長官

「最終決定されたことではありません。竹島領土守護管理団[56]が総理傘下にあるのですが、そこで今、いろいろな状況を考慮して決定する予定です。ただ、そこに、文化財庁において環境問題を提起しておりまして、また、国際法的にも我々がもう少し調べてみるべき部分があるため、いろいろ考慮して決定しなくてはならないと考えます」

金政祐委員

「いかなる判断で、そのような決定を出すのかに対しては、おそらく論議の過程でもっと明らかになると信じておりますが、竹島関連で国際司法裁判所以外にも国際海洋法裁判所の管轄になり得るということに対して、私達は関心を持つべきではないかと思うのですが」

金星煥外交通商部長官

「はい、そうです」

金政祐委員

「国際司法裁判所は紛争が、ある一方が合意をしなければ行けませんが、海洋法裁判所はちょっと違うと理解しておりまして、大方の、そして最近の専門家達が書いた文を見れば、国際海洋法裁判所に持っていく場合、いわば日本が一方的に提訴する場合、我々が敗訴する可能性が全く無いことは無いと、このような結論を話しておりまして、文書で。このような話を聞かれたことがございますか、長官？」

金星煥外交通商部長官

「はい、そのように主張なさる学者の方もいらっしゃるものと理解しております。しかし、基本的に国連海洋法条約は領土紛争に関するものではございません。それは管轄権が成立しません。しかし､そこに何か構造物とか、また、国連海洋法条約に違反する、ある種の事案があるときには提訴をできるというのが、恐らく多くの方達が…」

金政祐委員

「また、わが政府が竹島や近くの海域に、ある施設を設置する場合に、日本がたとえば、海洋汚染を誘発するとか、そのような理由で提訴する可能性はあるというのですが、それは一理あることのようです」

金星煥外交通商部長官

「はい。そうです。海洋法裁判所で今まであった各種判例を、報告書、今、そのような、学者たちが、そのようなことを仰っております」

金政祐委員

「もちろん、これは現実の世界であるため、私たちが、今、学者達が話すこととは距離がありますが、学者達の憂慮というのも、実質的には海洋法裁判所の各種判例、すでにある判例を土台にしていま、竹島の状況に適用しているのです。したがって、事実、政府としては各種シナリオをすべて、準備をすべきではないか、そのように考えており、先ほど申し上げたとおり、私たちがこの海洋科学基地を留保したことがこのような紛争の、たとえば海洋法裁判所にいく可能性、そのような余地までも念頭に置いて留保をしたと、それならば、それはとても良い決定だと私は思うのですが、そのような考慮もあったのですか、やはり？」

金星煥外交通商部長官

「はい、そのような点も考慮しました」

まず確認しておきたいのだが、この段階で基地建設は「留保」と位置付けられていたわけでない。ただ、国会でそのように指摘されてしまうほど建設が順調にいかなかったとは言えるだろう。以上の点を確認したうえで、やりとりを今一度、思い起こされたい。ここでは非常に重要な点を明らかにしているのである。韓国政府内部に基地建設慎重派がいた点は今まで論じて来たとおりであ

表4-3 総合海洋科学基地構築および活用研究に関する予算案[57]（単位100万ウォン）

	2011年予算	2012年予算	2013年予算案	
			部署要求	政府案
総合海洋科学基地構築および活用研究	9,300	11,500	16,500	11,500

る。ただ先ほどの国会答弁により、その背景にあった理由が明らかとなったのだった。外交当局が恐れていたのは、国際海洋法裁判所に伴う問題である。一例として、基地建設に伴う海洋汚染を論点とした日本からの一方的提訴を懸念していたのだった。海洋水産部が予算を確保しておきながら使用できない事態、そして外交当局が基地建設に慎重な態度を有している理由、それらが工事期日を前にして国会で顕在化してしまったのである。

さて2012年の末、事態がいよいよ緊迫化する[58]。同年11月5日、国会で李利在（イイジェ）、李喆雨（イチョルウ）、李憲昇（イホンスン）、卞在一（ピョンジェイル）、辛基南（シンギナム）、李美卿（イミギョン）の各委員が政府批判（海洋当局批判）を展開したのだった。以下、その主張を確認しよう。

まず、彼等は竹島基地に関する事業を概観している。2008年7月、国務総理主催で開催された国家政策調整会議で同事業の推進、決定。2009年、基本計画。2010年、詳細設計。そして2010年8月、文化財委員会の審議完了。問題はここからである。

2011年4月、竹島基地の工事事業者を選定し、現代（ヒョンデ）建設が55%、大宇（デウ）建設が45%を担うこととなった。実は国会質疑時、上記企業は麗水（ヨス）（地名）で基地構造物を製作中だったのだが、すでに工程率90%の状況まで達していたのである。

さて、表4-3は同日、国会で取り上げられた「2013年度　竹島基地関連予算案」である。既述したように、同事業は「関係部署との調整」のため、「多少の遅延」が発生しており、事業期間の2012年12月30日を過ぎてしまうことを前提としている。以上を念頭に置いたうえで、「部署要求」の欄を確認されたい。165億ウォンである。しかし政府案では115億ウォンとなっている。部署要求額から50億ウォン減額させたのだった。この点が国会で問題となったのである。これは、どういうことだろうか。

李利在委員は必要予算も確保できないようでは2013年の基地竣工がいよいよ危ぶまれると批判した。問題はそれだけでない。既述したように、構造物は完成間際なのである。竣工が遅れた場合、構造物の保管、維持費が追加で発生し、最低でも15億ウォンが上乗せで必要となるのだった。委員はこの点を批判したのである。類似の点は李喆雨委員や李憲昇委員も指摘している。両者も、予算を追加で50億ウォン確保できない場合、物価上昇率、施設維持費等により追加費用（最低でも15億ウォン）が発生すると論じたのであった。

実は以上の批判を国土海洋部自身、認めている[59]。すなわち、構造物の製作は90%以上進んでおり、この状態で事業が遅れれば大型構造物の保管および維持管理費で最低15億ウォンが追加で必要となると認めたのだった。それではなぜ115億ウォンしか要求しなかったのか。彼等の説明によれば、予算上の問題で、本年度と比べて100%－すなわち115億ウォン－しか要求できなかったというのである。そうであればこそ、政府自身、50億ウォンの追加要求をすると回答し、そのうえで、2013年の完工のため、努力していると指摘したのだった[60]。しかし、ここに決定打となる事態が生じる。2013年5月22日、「2013年度文化財委員会・第5次天然記念物・分科委員会」が開催された[61]。ここで同事業が否決されてしまうのである。

さて、この再審査、海洋水産部（国土海洋部の後身）が自ら要請したものだった。その結果、事業そのものが否決されてしまったのだが、そもそも彼等はなぜ再度、審査を要求したのだろうか。理由は2点である。事業期間の変更、そして事業規模の変更が生じたためである。海洋水産部は事業期間を1年延長して2013年までにしようとした。そして基地の規模もより大型にしようとしたのだった。一例を挙げれば従来の計画では総面積2,000㎡であったが、新計画では2,700㎡となったのである。

それでは何が問題視されたのか。実は事業期間でも事業規模でもない。建設予定地と指定区域－竹島－の間にある距離である。従来の計画－すなわち2010年時に審査された計画－では指定区域から1㎞離れており、「文化財に及ぼす影響は大きくない」と判断された。しかし、この「1㎞」とは「竹島（男島）から1㎞」だったのである。竹島には附属島嶼が存在し、その中で建設予定地に最も近い陸域から計り直した場合、460 mしか離れていないことが分科委員会で問題視されたのだった。これは竹島天然保護区域周辺の「歴史文化環境保存地域」－文化財外郭境界から500 m－であり、問題視されてしまったのである。ここで論点となったのが文化財保護法第13条第3項である[62]。

第13条（歴史文化環境保存地域の保護）

第3項　歴史文化環境保存地域の範囲は該当指定文化財の歴史的、芸術的、学問的、景観的価値とその周辺環境およびそのほか文化財保護に必要な事項等を考慮し、その外郭境界から500 mまでとする。ただし、文化財の特性および立地与件等により、指定文化財の外郭境界から500 m以遠で建設工事をするようになる場合、該当工事が文化財に影響を及ぼすことが確実だと認定されれば、500 mを超過して範囲を定めることができる。

いわば、該当指定文化財（竹島）の範囲をどことするかが問題なのである。竹島本島と捉えれば設置予定場所は男島から1km程度離れており、「外郭境界から500 m」の問題は発生しない[63]。しかし、附属島嶼から計りなおした場合、460 mしか離れておらず、指定文化財の境界から500 m以内、すなわち歴史文化環境保存地域内となってしまうのである[64]。これを受けて当時、海洋水産部は痛烈な批判を浴びる。以下、国会でなされたやり取りである[65]。参照されたい。

李完九（イワング）委員

「2009年から2013年まで、竹島に対し総合海洋科学基地を、進行を、工事を継続しながら、今年度5月、文化財管理委員会で、『これは不可だ』という通報を受け、今、中断された状態です。したがってほとんど最後の段階で中断されたのですが、これは2010年度には文化財管理委員会で可決され、3年後の今年度5月24日、否決をされました。

ところで、おかしなことに、海洋水産部から要請をしたのです、海洋水産部から。海洋水産部から文化財管理委員会に『これ、大丈夫ですか』と申請をしたのですよ、『判断してくれ』と。それゆえ、本当にこれは呆れることでしょ。2009年度に海洋水産部の要請により、国家予算で確定された事業、そして4年間進行した事業、430億ほど投入した事業が、ほとんど竣工の最終段階で海洋水産部が急に文化財管理委員会に『これ、どんなものでしょう？もう一回、審議してくださいよ』としたところ、文化財管理委員会で今年5月24日、『それはだめだ。理由は景観のためだ』。こんなところです。事実関係は合っているでしょ」

尹珍淑(ユンジンスク)海洋水産部長官

「はい、合っています」

実は李雲龍(イウンニョン)委員も文化財委員会の報告に触れつつ、基地の設置予定場所が歴史文化環境保存地域内（竹島指定区域から460 m以内）にあることを紹介している[66]。しかし、委員の指摘はその問題に留まらなかった[67]。現在の設置予定か所がそもそも法的に不可となってしまったのである。それゆえ、竹島近海に基地を設置しようとする場合、現在作成してしまった下部構造そのものの設計をやり直す必要が出てくるのである。李雲龍はそのために必要となる新たな費用として70億から100億ウォンと専門家の意見を紹介している。なお、この指摘に対し海洋水産部長官は返答していない。

（3）竹島基地建設事業の取りやめ、そして最適設置位置の調査

竹島基地建設事業は、以上の経緯をもって（予定地における事業は）法的側面から不可となった。ただ、これは事業の中止を意味するものではない。事実2013年11月26日、海洋水産部はこの事態に対し、「（基地構造物の－筆者注）現場設置は一時保留」[68]している旨、発表したのである。そもそも同部自身、ここで竹島基地の事業推進目的まで確認している。以下、参照されたい。

「政府は外海において、リアルタイムで海洋、気象、環境観測情報を生産する目的で、管轄海域の尖端に海洋科学基地を設置しており、台風津波等、沿岸災害に早期対応するうえで助けとなっている」[69]。

それだけではない。上記説明の際、竹島基地が離於島基地とともに例示されていたのである[70]。管轄海域の尖端に基地を建設するという論理がある限り、韓国東方海域においてもいずれ基地を設ける必要が出てくることとなる。

さて、以上を踏まえたうえで、確認しておくべき国会答弁がある。2014年3月4日、慶大秀(キョンデス)委員が竹島における海洋科学基地建設事業を再開する意志があるのか、李柱榮(イジュヨン)海洋水産部長官・候補者（後ほど、正式に長官となる）に質問をしているのである[71]。これを受けて同氏は2014年から2015年にかけて、竹島近海で基地設置のための最適位置を調査する旨、国会で明らかにしたのだっ

た[72]。竹島基地事業の再着手を否定しないばかりか、新たに設置可能な場所を探す旨、明言したわけである。

なお、李柱榮は長官就任後、上記見解を維持したことも記しておこう。2014年11月6日、同氏は李鐘培(イジョンベ)委員に対し、「竹島海洋科学基地は最適設置位置の調査後、決定する予定です」[73]と指摘している。論点は最適設置位置の調査に移ったのだった。

4.5 日本側から見た懸念事項

本書執筆時現在、韓国政府は竹島基地を建設していない。しかし、これをもって日本側は安心できるわけでもない。筆者はその理由として以下2点を提示しようと思う。

第一に、彼等の整理に注目しよう。韓国政府は長年、韓国三方／国土尖端／管轄海域の尖端に海洋科学基地を設置する旨、論じてきた。それゆえ、竹島基地は決して単独事業ではないのである。

以上を踏まえたうえで、ここで事実関係を紹介しておこう。彼等はすでに、南方、西方において海洋科学基地を建設済みなのである。それゆえ、日本海側だけが海洋科学基地の空白地帯なのである。彼等の整理にしたがえば、日本海

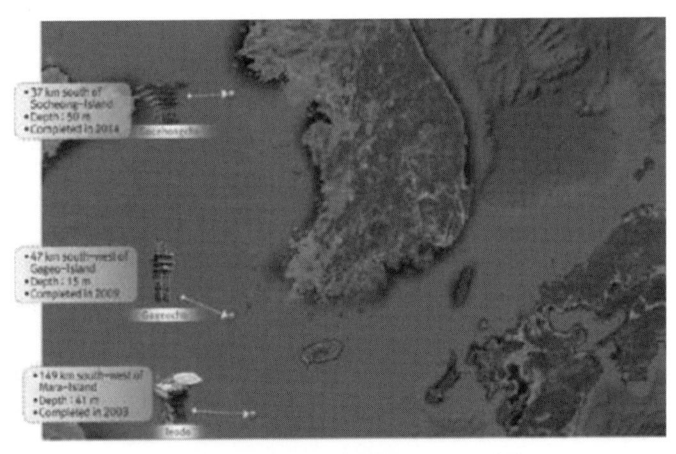

図4-3 韓国の海洋基地、設置箇所（イメージ図）[74]

側にも基地をいずれ建設するほかないということになるのだろう。ここで図4-3を参照されたい。韓国がすでに有する海洋科学基地の設置場所である。

第二に、一時的な事業の取りやめが持つ意味について再確認したい。すでに指摘したように、これは事実上の白紙撤回や婉曲的な事業の断念を言い表す表現でない。むしろ第二次事業の立ち上げで明らかとなったように、竹島基地は事実上の報復措置として本当に復活してしまったのである。そして後年、それもまた一時的な取りやめという整理の下、再び立ち消えとなったのであった。

以上2点に注目したとき、いくら工事が取りやめとなっても、やはり日本側とすれば安心できる状況ではないだろう。いわば、いつ再噴火するか分からない休火山[75]のようなものである。確かに竹島近海では海上警備や海洋調査等、目に見える懸念もある。しかし、基地が存在しないという目に見えない懸念もあるのである。

第5章 海洋調査問題の再燃

5.1 韓国国会の態度変化

2018年と2019年、韓国の国会において海上保安庁に対する厳しい批判がなされた。竹島近海で同庁が従来と異なる動きを見せたというのである。この反発を理解するためには、それ以前の動きを確認する必要があるだろう。それゆえ、あえて議論をその前年から始めてみたい。

さて、2017年5月、日本政府は韓国政府に抗議している[1]。韓国が竹島近海で日本の同意を得ることなく、調査を行ったためである。本来であれば、この日本側の抗議に対し、韓国の国会等から激烈な反発があっても良さそうなものだが、実際はそうでもなかった。しかし冒頭で論じたように、翌年以後、彼等は竹島近海をめぐって猛烈な批判を展開してくるのである。

さて、ここで海上保安庁による外国調査船対応に注目しよう。まずは以下を参照されたい。同庁発刊の『海上保安レポート』からの抜粋である。

> 「我が国の排他的経済水域等において、外国船舶が調査活動等を行う場合は国連海洋法条約に基づき、我が国の同意を得る必要があります。
>
> しかし、近年、我が国周辺海域では、外国海洋調査船による我が国の同意を得ない調査活動や同意内容と異なる調査活動（特異行動）が多数確認されています。海上保安庁では、巡視船・航空機による警戒監視等を行い、特異行動を確認した場合には、活動状況や行動目的の確認を行うとともに、中止要求を実施するなど、関係省庁と連携して、適切に対応しています」[2]

海上保安庁は「事前の同意を得ない調査活動または同意内容と異なる調査活動」を「特異行動」と説明している[3]。そして、竹島周辺海域で韓国による特異行動を発見することは、同庁の重要な業務のひとつとなる。理由は言うまでもないだろう。日本政府自身、当該海域をわが国の排他的経済水域（EEZ）等の一部である旨、主張しているためである。

さて、海上保安庁は特異行動の確認件数を各国（地域）ごとに発表している。もちろん、韓国船舶に関する件数も記載されているのだが、ここで2018年を前後する時期に注目しよう。それによれば同庁自身、2017年に2回、竹島周辺海域で特異行動を確認している[4]。そして2018年、2019年に至っては0件であったのである[5]。

これはいったい、どういうことだろうか。2018年、2019年における特異行動確認件数が0件であるならば、韓国自身、反発しなくとも良さそうなものである。むしろ、反発するならば2017年ではないのだろうか。いったい彼等は日本の何に不満を抱いたのだろう。本章はまさにこの点を論じようと思うのである。以下、議論を展開したい。

5.2　2017年5月に確認された特異行動

(1)「海洋（ヘヤン）2000号」に対する確認作業

2017年5月17日および翌18日、海上保安庁が「海洋2000号」による竹島近海調査を確認した。以下、図5-1[6]を参照されたい。当該時期に確認された「海洋2000号」の行動である。

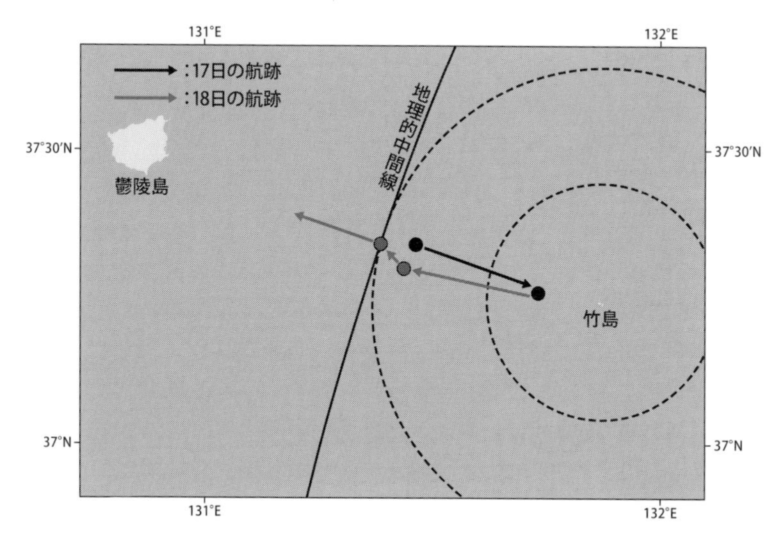

図5-1　2017年5月17日 - 5月18日における「海洋2000号」の行動

ここで日本政府による見解を確認しよう。同船は17日から18日にかけて竹島西方のわが国EEZにおいてワイヤー／ロープのようなものを海中に投入したというのである[7]。なお、韓国政府から事前の同意申請はなかった[8]。

さて、冒頭で論じたように、日本政府は韓国政府に対し抗議をしたのだが、これに対して彼等の反応はどうであったのだろうか。2017年5月18日、韓国外交部の定例ブリーフィングがあった。ここでなされたスポークスマンと新聞記者とのやりとりを確認してみよう[9]。

朝日新聞

「日本の外務省によれば、昨日と本日、日本のEEZで韓国の国立海洋調査院の調査船が海洋調査を実施したとのことです。これは事前同意のない調査であるため、外交ルートを通して抗議したという説明がありました。その事実関係の確認と、これに対する外交部の立場を仰って頂いて、そして、このような海洋調査の場合、日韓間で事前通報や同意を受けなくてはならないのかに対しても発言をお願いいたします」

外交部

「申し上げるとすれば、日本政府が我々の竹島周辺海洋調査に対し抗議をしてきました。これに対し、わが政府は一蹴しました。我々固有の領土である竹島に対する日本の不当な主張に対しては断固、対応していくという立場です」

朝日新聞

「事前通報の必要性部分に対しても仰ってください」

外交部

「事前同意（原文のまま－筆者注）の必要はありません。私達はそのようなことをしません」

さて、上記のやりとりを念頭に、当該問題に対する韓国側の関心程度を検討しよう。実はこの時期の韓国国会（本会議／農林畜産食品海洋水産委員会／外交統一委員会）は国務総理、長官、委員会の委員長人事等を主たる論争対象としていた[10]。日本との間の一海洋調査事案に対し、わざわざ時間を割くような状況ではなかったのである。

それでは国政監査ではどうだったのだろうか。これは韓国の憲法第61条、国会法第127条、そして国政監査および調査に関する法律で定められているものであり、国会議員が（その名のとおり）国政全般を監査するものである。毎年10月頃に執り行われている韓国政界における秋の風物詩なのだが、国会の委員会が政府の担当部署に対し、次々に質問、提案、そして批判等をしていくこととなる。

さて、この国政監査、議題を直近の政治案件に絞る必要はない。監査対象は担当している政府部署の行政全般であり、それゆえ、極めて幅広い議題が取り扱われる。そうであればこそ、農林畜産食品海洋水産委員会や外交統一委員会で繰り広げられる国政監査に注目することにより、韓国の海洋問題、外交問題に関する委員の関心事項、懸念、そしてそれに対する政府の立場等が明らかとなるのである。

それでは2017年度の国政監査で海上保安庁批判はあったのだろうか。実はあったのである。しかし、それは5月の事案－韓国の海洋調査船に対し確認作業を行った事案－に関するものでない。海上保安庁が竹島周辺海域に出没していることへの批判であった[11]。海上保安庁の発表にもあるように、同庁は竹島周辺海域で哨戒活動を行っている[12]。この点が批判の対象となったのだった。結局、韓国の海洋調査活動に対する一確認事案は韓国政界の関心を呼ぶような事態ではなかったのである。

ここで、先ほど挙げた外交部と新聞記者のやりとりを思い起こされたい。彼等は確かに日本側の抗議を一蹴した。いわば日本側の主張を受け入れもしないし、事態を黙認もしない。しかし一方で、政府にせよ、国会にせよ、それ以上の関心を抱くような事態でも無かったのである。2017年5月の事態とは、海上保安庁にしてみれば明らかに成果であった。特に2018年、2019年における特異行動の確認件数が0件であることを念頭に置いたとき、これは特筆すべきことであったとさえ言えよう。しかし、同問題への韓国側の関心は総じて低かったと言ってよい。ここで韓国側の視点に立ち返りたい。そこまで当該事案が注目されなかった背景を検討したいのである。以下、その点について論じたい。

(2) 「韓国沿岸海流調査」プロジェクト、概観

日本政府は「海洋2000号」による行動を説明する際、ワイヤー／ロープのようなものを海中に投入していたと主張していた。しかし具体的に使用されたのは、超音波海流計や水深水温塩分測定器等であり、潮の流れのほか、塩分、水温等の観測を行っていたのだった。当該調査により得られた結果も一部、提示しておこう。竹島周辺の流速は0.64ノットであり、水温は6.1度である。

なぜ上記がわかるのか。国立海洋調査院[13]は、海洋調査船「海洋2000号」を使用した「韓国沿岸海流調査」プロジェクトの下、2017年5月10日から同月22日まで竹島周辺海域を含む、日本海における調査に従事していたことを公式に認めている。上記の事実関係はその結果、彼等が得て、そして公表したデータなのである[14]。それでは、そもそも同プロジェクトとは何なのだろうか

「韓国沿岸海流調査」とは国立海洋調査院による海洋調査活動である（竹島周辺海域における海洋調査プロジェクトは第3章で取り上げたもの以外にも存在する)。そして、これは同院自身、韓国沿岸において海流、塩分、水温等を調べるものである[15]。ただ問題は韓国沿岸の範囲であろう。実は、竹島近海も含まれているのである。そして彼等自身、時期によって調査対象海域を変えていることにも注意する必要がある[16]。以下、2017年5月の海洋調査事例を理解するうえで必要な時期、海域に限定して概観したい。

さて、ここで筆者が注目したいのは「東海(トンヘ)－竹島ライン」である。まずはここで従来のラインについて説明しよう。これは韓国の東海市沖合から鬱陵島(ウルルンド)北部海域を横切るかたちで存在している観測ラインである[17]。これは2014年から使用されており、彼等はその線上10か所（定点名：EA01-EA10）で調査を実施していたのである[18]。

さて、その2年後の2016年、国立海洋調査院は上記「東海－竹島ライン」に新たな観測定点を5か所追加したのだった。注目すべきは、それらがいずれも竹島近海にあるという点である。ここで新たに設定された定点を確認したい。まずはEA11（竹島北方)、EA12（竹島東方)、EA13（竹島南方)、そしてEA14（竹島西方）の4定点が挙げられる[19]。そしてこれ以外にもEA13-1が設定されたことも確認しておきたい[20]。いわば、竹島を中心とした東西南北の4か所、そして追加観測を目的とした1か所が新たに設けられたわけである。

ところで2017年、観測海域に若干の変更がなされる。従来存在したEA13-1

表5-1　2017年現在の観測定点（緯度・経度）

定点	緯度	経度
EA01	37-33-12	129-10-18
EA02	37-33-12	129-15-30
EA03	37-33-12	129-22-36
EA04	37-33-12	129-41-18
EA05	37-33-12	130-00-00
EA06	37-33-12	130-18-42
EA07	37-33-12	130-37-30
EA08	37-33-12	130-55-54
EA09	37-33-12	131-14-36
EA10	37-33-12	131-33-48
EA11	37-27-00	131-51-35
EA12	37-15-15	132-06-40
EA13	37-03-05	131-51-30
EA14	37-14-55	131-36-15

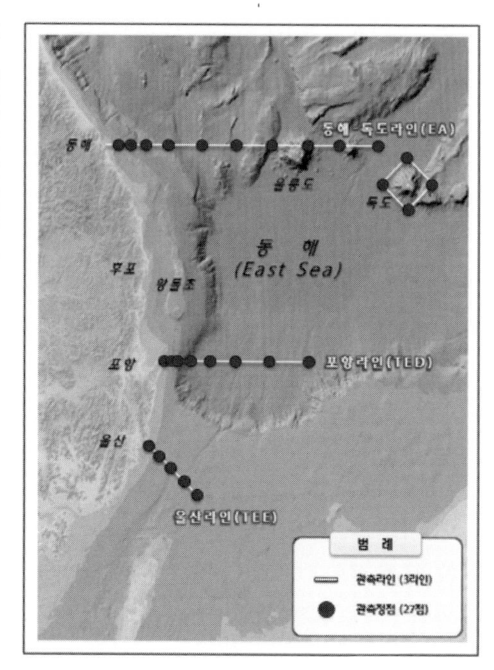

図5-2　日本海における「韓国沿岸海流調査」観測定点図

のほか、新たにEA14-1が設定されたのだった。しかし彼等自身、両定点を同時に使用したわけでもない。同年、国立海洋調査院は4次に渡る調査を実施していたのだが、第1次、第3次調査では定点EA13-1を、そして第2次、第4次調査では定点EA14-1を観測対象として使用していたのである[21]。

ここで図5-2[22]を確認されたい。これが2017年調査時の観測定点である（ただし、EA13-1およびEA14-1は未記載）。東海市から鬱陵島北部海域を横切るかたちで直線状に観測ラインが引かれており（最北に描かれている東西の直線を確認）、さらに彼等自身、（その南東部に位置している）竹島を囲むようにして、東西南北にも観測定点を設置したことが見てとれるだろう。なお表5-1に、それら定点の位置を記しておいた[23]。確認されたい。

(3) プロジェクト全体から眺めた特異行動確認件数

本項では、彼等が実際に行っていた調査を量的側面から見ていこう。ここで表5-2[24]を確認されたい。「東海－竹島ライン」上の「韓国沿岸海流調査」の実態である（なお、国立海洋調査院はたびたび観測定点を変更しているので、「東海－竹島ライン」を使用した調査に限定して議論を展開したい。それゆえ、同ラインが設定された2014年以後の動きを取り上げる）。なお、以下の調査はすべて「海洋2000号」により行われていた点も付け加えておきたい[25]。

ここで調査実態を確認しよう。まず2014年から2017年にかけて、彼等は合計12次にわたり、竹島近海で調査を行っていた。しかし海上保安庁は「韓国沿岸海流調査」に関する限り、2017年5月の調査（すなわち2017年の第2次調査）以外、彼等の特異行動を確認できた形跡がない[26]。

それだけではない。同プロジェクトにあっては、複数の観測定点が使用されていたことも想起すべきだろう。海上保安庁は竹島西方で「海洋2000号」を確認しているが、ほかの方角における調査事案に対して言及していないのである。

表5-2　東海 - 竹島ライン上の「韓国沿岸海流調査」

調査年	調査次数	調査日程
2014年	第一次調査	3/13 - 3/27
	第四次調査	10/3 - 11/15
2015年	第一次調査	3/12 - 3/17
	第四次調査	11/3 - 11/22
2016年	第一次調査	3/14 - 3/17
	第二次調査	5/17 - 5/21
	第三次調査	7/17 - 7/21
	第四次調査	11/1 - 11/7
2017年	第一次調査	3/19 - 3/24
	第二次調査	5/10 - 5/22
	第三次調査	7/19 - 7/26
	第四次調査	10/31 - 11/3

結局、2017年の事案を韓国側のデータと照らし合わせてみたとき、海上保安庁は「年4回あった観測事業のうち、第2次調査だけ」、かつ「複数存在した観測定点のうち、一部の調査事業だけ」を確認できたことになる。もちろん、当該事案は日本側から見た場合、調査の瞬間を捉えた貴重な成果であった。しかし韓国側からすると、たびたびなされている調査のうち、たまたま日本側に見つかってしまった1件に過ぎなかったとも言えるのである。

5.3 韓国国会における海上保安庁批判

議論を進めるに当たって、確認しておきたいことがある。海上保安庁が外国海洋調査船による行為を特異行動と認定するためには、彼等による調査の瞬間を捉える必要があるという点である。既述したように、特異行動とは「事前の同意を得ない調査活動または同意内容と異なる調査活動」を指す。当然ながら、それに該当しない行為は件数として数値化されることがない。

さて、以上を念頭に、ここで韓国の国会に目を向けよう。事態は2019年の国政監査の時期に表面化するのである。国政監査の直前、農林畜産食品海洋水産委員会の所属議員2名が海洋水産部、海洋警察庁から提供された竹島関連資料を公表したのだった。問題はその中身であろう。ここで表5-3を確認されたい[27]。2014年から2019年9月9日までの間、海上保安庁が韓国海洋調査船を「妨害」

表5-3 韓国海洋調査船に対する海上保安庁の「妨害」事案

日 時	船舶名	所 属	日本の対応（韓国側の説明）
2014/5/30	探求（タムグ）20号	国立水産科学院	EEZで海上保安庁の巡視船が接近し、調査活動を監視。錨泊待機（調査不可）後、竹島領海に移動。
2015/2/7	同 上	同 上	EEZで海上保安庁の巡視船が接近し、調査活動を監視。これにより調査不可。
2016/8/17 - 8/18	探求21号	同 上	同 上
2016/8/19	同 上	同 上	同 上
2016/11/18	探求20号	同 上	EEZで海上保安庁の巡視船が接近。調査活動を監視、不当な呼び出しおよび放送。
2017/5/17 - 5/19	海洋2000号	国立海洋調査院	EEZで日本の同意なく海洋調査を実施していると抗議、不当な放送。
2018/3/27	ナラ号 ※나라号	釜京大学校[28]	竹島から鬱陵島に移動中、海上保安庁の巡視船が接近。調査活動の監視および不当な呼び出し。

2018/4/17	探海(タムヘ)2号	韓国地質資源研究院	EEZで海上保安庁の巡視船が接近、調査活動の監視および不当な呼び出し。
2018/4/18 - 4/19	同　上	同　上	同　上
2018/5/15	海洋2000号	国立海洋調査院	EEZで海上保安庁の巡視船が接近、調査活動の監視。
2018/5/25	探求21号	国立水産科学院	同　上
2018/5/26 - 5/28	同　上	同　上	EEZで海上保安庁の巡視船が接近、調査活動の監視、不当な呼び出しおよび放送。
2018/7/21	同　上	同　上	同　上
2018/8/1 - 8/3	オンヌリ号 ※온누리号	韓国海洋科学技術院	同　上
2018/8/28	探求20号	国立水産科学院	同　上
2018/9/14	無人船	国立海洋調査院	竹島周辺海域の無人海洋調査。韓国政府に抗議。
2018/11/26	探求21号	国立水産科学院	EEZで海上保安庁の巡視船が接近、調査活動の監視、不当な呼び出しおよび放送。
2019/2/15-16	同　上	同　上	竹島領海内で調査活動中、海上保安庁の巡視船が竹島領海線に接近。調査活動の監視、不当な呼び出しおよび放送。
2019/2/18	探求3号	同　上	同　上
2019/3/8 - 3/9	異斯夫(イサブ)号	韓国海洋科学技術院	EEZで海上保安庁の巡視船が接近、調査活動を監視、不当な呼び出しおよび放送。
2019/3/26	無人船	国立海洋調査院	竹島無人海洋調査実施に対し外交ルートを通して抗議。

2019/4/11 - 4/12	探海２号	韓国地質資源研究院	竹島に向けて航行中、海上保安庁の巡視船が接近、調査活動の監視、不当な呼び出しおよび放送。
2019/5/16 - 5/18	探求 21 号	国立水産科学院	EEZ で海上保安庁の巡視船が接近、調査活動の監視、不当な呼び出しおよび放送。
2019/5/23	オンヌリ号 ※온누리号	韓国海洋科学技術院	鬱陵島近隣海域の調査および墨湖港（ムクホ）に向けて移動中、竹島領海線外側を航海。その際、海上保安庁の巡視船が接近し不当な呼び出しおよび不当な放送。
2019/5/24	同　上	同　上	同　上
2019/5/26	同　上	同　上	同　上
2019/5/29 - 5/31	同　上	同　上	竹島領海線の外側で調査および長木港（チャンモク）に移動中、海上保安庁の巡視船が接近し、オンヌリ号に対し、呼び出しおよび不当な放送。
2019/6/3	離於島（イオド）号	同　上	竹島領海内で調査中、海上保安庁の巡視船が竹島領海線外側に接近。調査活動の監視、不当な呼び出しおよび放送。
2019/6/4	同　上	同　上	同　上
2019/6/5 - 6/6	探求３号 探求 22 号	国立水産科学院	竹島領海の内外で調査中、海上保安庁の巡視船が竹島領海線外側に接近。調査活動の監視、不当な呼び出しおよび放送。
2019/8/9	探求 21 号	国立水産科学院	竹島領海内で調査中、海上保安庁の巡視船が竹島領海線外側に接近。調査活動の監視、不当な呼び出しおよび放送。
2019/8/9 - 8/10	同　上	同　上	同　上

2019/8/9	オンヌリ号 ※온누리号	韓国海洋科学技術院	竹島領海線の外側で調査中、海上保安庁の巡視船が接近。
2019/8/20	探求21号	国立水産科学院	EEZで調査中、海上保安庁の巡視船が接近。調査活動を監視。
2019/8/31 - 9/2	離於島号	韓国海洋科学技術院	竹島領海内で調査中、海上保安庁の巡視船が竹島領海線外側に接近。調査活動の監視、不当な呼び出しおよび放送。
2019/9/3 - 9/6	同 上	同 上	同 上

した事案の集計である。そして、それは海上保安庁が「特異行動」と認定するまでに至らなかった事案をまとめたものとも言えるのである。

ここで2017年の出来事を想起しよう。韓国側の認識によれば、そもそも同年の「妨害」事案は5月の1件[29]しかなかったのである。実は海上保安庁自身、同年1月にも特異行動を確認した旨、発表している。しかし、それはそもそも韓国側には「妨害」として認知されていない。この認識ギャップにより、韓国側から見た場合、2017年における海上保安庁の成果は（量的側面に注目した場合）ますます小さなものとなってしまうのである。

ただ、ここで2018年以後の動きを見てみよう。海上保安庁の船艇による、韓国海洋調査船に対する「妨害」事案が増えているのである。この時期、日本で何かあったのだろうか。実は2018年5月、第三期海洋基本計画（以下、第三期計画とする）が閣議決定されているのである。そして同計画には注目すべき点があった。海洋状況把握（MDA）が独立項目として取り上げられたのである[30]。

海洋状況把握とは「海洋に関連する多様な情報を集約・共有することで、海洋の状況を効果的かつ効率的に把握すること」[31]と説明されている。先ほど指摘した第三期計画ではそれを「情報収集体制」、「情報の集約・共有体制」、そして「国際連携・国際協力」の3点に分けて論じていた[32]。ここでは、そのうちの情報収集体制に注目しよう。以下、参照されたい。

「我が国の内水・領海、接続水域、排他的経済水域及び大陸棚（以下「領海等」という。）における脅威・リスクの早期察知に資する情報については、主として防衛省・自衛隊及び海上保安庁が連携して、それぞれが保有する艦艇、巡視船艇及び航空機を活用した平素の警戒監視活動による収集を行っている。（中略）陸上施設や衛星からの監視については、これらの手段により収集した情報のみでは、脅威・リスクの判断に制約があり、必要に応じて、防衛省・自衛隊及び海上保安庁が保有する艦艇、巡視船艇及び航空機による確認・識別等を行う必要がある」[33]

海上保安庁の巡視船艇等による確認・識別作業に言及しているのがわかるだろう（なお、表5-3からわかるように、自衛隊の艦艇は直接、韓国の調査船に対処していない）。もちろん、海上保安庁は従来から特異行動の確認作業を実施してきた。しかし日本政府は2018年、第三期計画を通して、その姿勢を一層鮮明にしたのである。そして同じ時期、竹島近海における状況に変化が生じたのであった。

しかし、ここで疑問も生じるだろう。海洋調査回数の年次比較である。た

表5-4　機関別、竹島周辺海域における調査回数

担当機関	調査船	調査回数					
		2014	2015	2016	2017	2018	2019
国立水産科学院	探求３号	2	2	3	2	1	2
	探求 20 号	4	4	2	2	2	-
	探求 21 号	-	1	9	6	7	4
	探求 22 号	-	-	-	-	-	2
国立海洋調査院	海洋 2000 号	1	2	4	4	4	-
	パダロ（바다로）２号	-	-	-	-	-	2
	トンヘロ（동해로）号	1	-	-	-	-	-
	無人船	-	-	1	1	1	1
韓国海洋科学技術院	離於島号	2	4	1	2	2	3
	異斯夫号	-	-	1	-	1	1
	オンヌリ（온누리）号	-	-	-	-	2	2
	長木２号	1	3	5	1	2	2
合　計		11	16	26	18	22	19

とえば、2017年までは竹島周辺海域における韓国側の海洋調査回数が少なく、2018年から増加した可能性は無いのだろうか。仮に調査回数が多くなっただけならば、その分、「妨害」件数も増加するだろう。しかし、事実関係を指摘すれば、調査回数自体、あまり変化していないのである。ここで前頁の表5-4を参照されたい[34]。国立水産科学院、国立海洋調査院、韓国海洋科学技術院による竹島周辺海域における年次別調査回数である。

あらためて確認できるように、竹島周辺海域では複数の機関が調査を行っている。そして、各機関がそれぞれ一定数の調査を行っていたことも見てとれよう。ただ2017年にあって日本側はそのうちの1件だけ－すなわち国立海洋調査院が実施した「韓国沿岸海流調査」の第2次調査の内、竹島西方の観測定点における調査だけ－を確認してきた（と､韓国側には認識されている）わけだから、彼等から見て海上保安庁による確認作業がいかに例外的なものであったかがわかるだろう。

さて、ここで確認すべき国会答弁がある。2019年10月21日に開催された国政監査時、文成赫（ムンソンヒョク）海洋水産部長官は以下のように語っているのである。

「最近、不当な呼び出し、放送等、我々の竹島調査船舶を対象とした日本の妨害活動が増加したのは事実です」[35]

これこそが彼等の不満なのである。従来になかった動きを海上保安庁が見せているとの認識であり、そうであればこそ彼等自身、「日本の妨害活動が増加した」と明言したのだった。

さて、ここで視点を変えよう。実は竹島周辺海域における変化は量的なものばかりでない。それ以外に「領海内航行の監視」という質的な変化もあったのである。ここで注目しなくてはならないのが2019年2月15日、16日、そして18日に海上保安庁が接近した「探求21号」および「探求3号」による事案であろう。実は、同船自身、竹島領海内を航行していたのである。そしてこの事実は海上保安庁も明らかにしており、領海内で「探求21号」を把握していた点を公式に認めている[36]。なお、黄柱洪（ファンジュホン）委員の説明によれば、その際、同庁は無線で「竹島は日本固有の領土で、日本領海内における無害通航であると認定できない」[37]と論じたという。

竹島領海内を航行する海洋調査船への対処。これは一時的な、偶発的な事案だったと言い難い。表5-3で示されているように、2019年6月以後、海上保安庁は立て続けに竹島領海内を航行している韓国船舶に対し無線による呼びかけを行っているのである。上記委員はこの点をつき、以下のような議論を展開した。

> 「日本は竹島領海内のわが調査船活動も今年9回も（2019/2/15–2/16、2/18、6/3、6/4、6/5–6/6、8/9、8/9–8/10、8/31–9/2、9/3–9/6）妨害を行いつつ、威嚇を高める様相で、日本が今年、わが竹島調査船舶の領海内調査活動まで妨害するのは過去には行わなかった威嚇です。これは国際社会に竹島領有権を強調しようとする意図のほか、見ることができないのではないでしょうか」[38]

2018年以後、海上保安庁の巡視船による「妨害」事案が増加し、2019年以後に至っては同庁自身、領海内航行をしている韓国海洋調査船にまで呼び出しをするようになった。これこそが韓国側の認識なのである。彼等から見ると2018年以後、竹島周辺海域は従来と異なる事態に突入したこととなる。そして、この点は国政監査における議論に反映されている。たとえば海上保安庁と韓国海洋調査船の攻防はすでに2018年の国政監査時、慶大秀（キョンデス）委員が問題視していた[39]。ただ、この段階では韓国政府自身、やや静観の構えを見せていたとも言えよう。金栄春（キムヨンチュン）海洋水産部長官は「竹島がわが領土で、わが海域内での正当な海洋調査活動であるため、調査計画通り、忠実に遂行するでしょう」[40]と答弁するに留めていたのである。しかし、これが翌年2019年の国政監査になると雰囲気が変わって来る。朴完柱（パクワンジュ）委員、黄柱洪委員、李亮壽（イヤンス）委員が相次いで海上保安庁の動きを批判し、政府に答弁を求めたのだった[41]（なお、朴委員、黄委員こそ、表5-3、5-4のデータを公表した人物である）。これらを受けて文成赫海洋水産部長官は以下のような見解を明らかにしている。

> 「竹島の海洋科学調査に対し、日本艦艇の威嚇行為に対応し、専門的に備える必要があるという指摘に積極共感いたします。（中略）わが部は当初樹立した計画にしたがい、海洋科学調査を持続する予定で、将来、調査活動への妨害の試みが発生する場合、海洋警察と現場で積極対応し、政府次

元の対応が必要な場合、外交部と共助し断固、対応していきます」[42]

ただ、ここで韓国政府が国会の批判を受けてから対応に出るようになったと解釈してはなるまい。実は韓国政府自身、国政監査を待つことなく、それ以前から動きを見せていたのである。事実、2019年3月28日には、海洋科学調査関連関係機関点検会議を開催している[43]。そこで海洋水産部が海洋調査に関する詳細情報を海洋調査船が出港する前に海洋警察庁へ提供することで合意したのだった。また同年7月24日にも海洋警察庁自身、国立海洋調査院、国立水産科学院、韓国地質資源研究院、そして韓国海洋科学技術院等と業務協約を結んだのである[44]。以下、その内容のうち、広報されたものを確認しよう[45]。

① 海洋・科学調査船保護と緊急状況支援
② 海洋警備情報と海洋調査情報の共有
③ 業務遂行に必要な装備と施設の共同活用
④ 棲息地等、水産資源情報の提供等

なお、韓国の海洋警察庁長は協約締結の際「このたびの協約を契機に関係機関間、海洋治安と海洋調査活動に相当な同伴相乗効果があるものと予想される。将来も海洋主権守護強化のため、緊密に協力して行くでしょう」[46]と論じている。竹島近海における海洋調査問題が再び脚光を浴びるようになったのである。そして彼等自身、その対応措置も明らかにしているのである。

5.4 韓国が抱く不満と対抗措置

2018年と2019年、韓国の国会において海上保安庁批判が展開された。竹島近海をめぐって同庁が従来とは異なる動きを見せたというのである。彼等は日本の何に不満を抱いたのだろうか。本章はこの点について論じてきたのである。

ここで議論をまとめておこう。韓国側が注目していることは2点ある。第一に海上保安庁船艇による「妨害」件数の増加、そして第二に領海内航行に対する監視である。彼等が上記二点に対し不満を抱いていることは事実である。加えて、対応策を出している点にも注意しておこう。実際、海洋警察庁は対日警備活動を強化し出したのであった。

確かに、当該案件は「竹島の日」の制定や教科書問題ほどに人びとの注目を集めていない。しかし一方で、それゆえに軽視して良いというわけでもないのである。たとえば「竹島の日」の制定ほどには社会的注目を浴びなかった案件でも、韓国の国会で取り上げられ、同国政府が対策を講じることはある。本章で扱った事案はその一例と言えよう。結局、彼等は彼等なりの論理に基づいて不満を持ち、そして必要に応じて対抗措置まで発動してくるのである。そして、その矛先は日本に向けられていることは言うまでもない。竹島近海とはかくも緊張感を有する海域なのである。

第6章 本書の研究方法

第1章から第5章まで、筆者は各種議論を展開してきた。本章においては、その背景にある研究方法について論じてみたい。今までなされてきた議論の背景をここで明らかにすることにより、本書の内容を理解する際の一助を読者に提供したいと思うのである。

6.1 海上保安庁のシンクタンク

海上保安大学校は海上保安庁のシンクタンクである。筆者が入庁した年の4月、海上保安大学校長による訓示にそのような趣旨の指摘があった。以後、類似の見解を庁内でたびたび耳にすることとなるのだが、筆者の問題意識はこの一点から始まることとなる。海上保安庁に資する研究とは何か。これを模索する日々が続いたのであり、序章の冒頭で紹介した体験はその思いに拍車をかけるものであった。

さて、ここで早速問題が生じる。利用可能な先行研究がどれほどあるのか、という点である。確かに竹島の領有権をめぐる先行研究であれば日韓双方に存在する。しかし、その周辺海域をめぐる、韓国の海洋当局等の動向に主眼を置いた研究は両国において極めて限られていると言って良いだろう。ここで参考までに韓国海洋警察学会と韓国海洋水産開発院を取り上げてみたい。前者は（読んで字の如く）海洋警察庁を研究対象としている韓国の学会であり、後者は韓国の海洋政策等を幅広く研究対象としている韓国の政府系研究機関である。

さて上記学会、機関による研究蓄積を今、あらためて確認してみよう。まず韓国海洋警察学会の学会誌には竹島を主眼とした研究が掲載されていない[1]。さらに付言すれば、日本を主たる研究テーマとしたものさえ少ないのである[2]。実は、同じ外国でも中国の方がよほど論点となっているのだった[3]。韓国国内の研究者は自国の海上法執行問題、そして海洋問題を論じる際、竹島よりも中国の密漁船問題等に焦点をあわせているのである[4]。

一方、韓国海洋水産開発院はどうだろうか。同院が発刊している学術誌『海洋政策研究』では極少数ながら竹島研究を確認することができる。しかし、その内容は2016年、仲裁裁判所より出された南シナ海をめぐる仲裁判断に関するものだった。より具体的に論ずれば、同判断で取り上げられた国連海洋法条約第121条解釈が竹島周辺海域を検討するうえで、いかなる意味を持ち得るのかを論じたのである[5]。これこそが近年の数少ない研究成果のひとつなのだった。当然のことながら、筆者が入庁した当時も参考となるような先行研究があまりなく、閉口したことを覚えている（そもそも韓国海洋警察学会は当該時期、まだ創設されていなかった）。結局、筆者にとって海上保安庁に資する研究を志向するとは、事実上、先行研究があまりない領域に自ら足を踏み入れることを意味したのである[6]。

6.2 歴史研究の手法

先行研究が乏しい中、筆者自身、いかにして韓国の行動等を理解しようとしたのか。ここで猪口孝の議論を紹介しよう。その昔、猪口自身、わが国における政治学コミュニティには四つの伝統（あるいは、四つの学派）があると論じた[7]。そして、その一角に歴史学派が存在している旨、指摘したのである[8]。ここで同氏の議論を参照されたい。

> 「（歴史学派においては－筆者注）政治学研究が歴史研究に似ているとみなされる。政治学における歴史研究の重視にはいくつかの起源がある。第一に政治学、経済史、社会学を問わず、多くの学者は事実を調査し、事実から歴史や物語を再建することが最も重要だと考えている」[9]

確かにわが国の政治学コミュニティの中には、歴史的事実の調査に従事する学者が数多存在する。実は猪口自身、上記指摘を1990年代に行っているのだが、歴史研究それ自体は現在もコミュニティ内において健在である。

さて、韓国の政治現象を理解しようとする際、複数の方法が存在するだろう。ただ筆者は上記にあるように、同国を歴史研究の対象として検討したいのである。それでは、それを行うためには、どのような作業が待っているのだろうか。その点について木宮正史は「韓国の現代政治をできる限り一次史料に基づいて実証的に明らかにする」[10] と説明したのだった。

さて、猪口、木宮両氏の見解は有用である。特に、筆者自身、自らの研究手法を検討、整理するうえで、助けとなった。しかし一方で、強調しておかなくてはならない点もあるのである。筆者の問題意識はオーソドックスな韓国政治史研究とは異なるという点である。筆者は確かに韓国の一次史料を読み込み、歴史を追いかけて行く作業に強く魅かれるものの、研究する際の出発点が「海上保安庁に資する研究とは何か」という点にあった。それゆえ、今まで蓄積されてきた多くの韓国政治史研究に対しても、問題意識の面で距離を感じてしまうのである。

6.3 地域研究コンソーシアムにおいて取り上げられた「社会連携」

研究を推し進める中、前節で掲げた研究方法とは別に、筆者は別の主張に出会った。地域研究コンソーシアムにおいて論じられていた「社会連携」である。以下、紹介しよう。

わが国には地域研究を担っている多くの学会、大学、研究所等が存在する。さて、それとは別に、先ほど指摘した地域研究コンソーシアムという学術団体もある。実は、地域研究を担っている学会等がこのコンソーシアムに団体加盟しているのである。なお、2019 年 12 月現在、合計 105 団体が参加している。[11] さて、そのコンソーシアムには社会連携部会が設置されている。以下、同部会が発している説明である。参照されたい。

> 「地域研究とは、常に現場に立脚して研究を進め、現実世界の諸課題に研究を通じて対応しようとする学問分野です。地域研究では、研究によって得られた知見が狭義の学術研究の成果として評価されるだけでなく、その知見が、研究する人々、研究対象の地域社会に暮らす人々、研究活動を支え研究成果を受け取る人々のそれぞれの課題の解決にどのように寄与するかという観点からも研究の意義が問われます。このように考える地域研究

者にとって、研究を深め、その成果を発信することは、自分と社会との関係を考え、現実世界をどのように構想するかを表明することに他なりません。地域研究は、いわばその成り立ちから社会との連携が織り込まれている学問分野であるとも言えるでしょう」[12]

地域研究を狭義の研究成果として評価するだけではなく、その知見を受け取る人びとにとって有用であったか否かを検討する。それは海上保安庁に資する研究を志向する立場にあった筆者にとり、極めて魅力的な主張であった。

さて、ここで社会連携部会長を勤めた西芳実に焦点を合わせてみよう。同氏は社会連携というキーワードを通して、何を訴えたのだろうか。その点は次節で論じたい。

6.4　社会連携の意義

西は地域研究コンソーシアムにおいて第2回社会連携賞を受賞した研究者であり[13]、アチェ（インドネシア）近現代史を専攻している。アチェは2004年12月、スマトラ島沖地震の際、津波による被災を経験した。そのとき、多くの国際援助団体が同地を訪れ、救援活動に従事したのである。氏は当時、地域研究者として彼等に貢献しようとしたのだったが、ことはそれほど容易でなかったようである。以下、参照されたい。

「災害時には、その地域についての予備知識なしに地域を訪れ、活動をする人々があらわれる。地域の専門家である地域研究者は、これらの人々に社会の特徴を説明することがしばしば求められる。そこでは、地域で活動する人々が現場で生じる疑問を解決する手がかりとなるような形で社会の特徴を伝えるにはどうしたらよいかを考えさせられることになる。

筆者の専門はアチェの歴史であり、その専門性から提供できる情報はアチェの近現代史やアチェで紛争が激化するに至る経緯であった。しかし、津波被災を契機にアチェで活動するようになった人々から求められたのは、外国人で非イスラム教徒である自分たちの飲酒が容認されるかとか、治療のために非イスラム教徒の男性医師がイスラム教徒の女性患者に触れても問題ないかといった情報であった。アチェの歴史は事業の実施に直接かかわらない雑学として受け止められたようである」[14]

社会連携に重きを置こうとするとき、西の指摘は極めて重要である。研究者が学会で論じられてきたことをそのまま実務者に提供しても、それは相手からただの雑学として扱われてしまう場合がある（序章冒頭部で論じたように、筆者自身、類似の経験をした）。そうであればこそ、西は援助関係者の問題関心や認識に理解を示すかたちで各種工夫を重ねアチェの実態を説明し続けたのであった。この態度は筆者にとり極めて重要なものとなる。これを欠く場合、研究者は実務者に対し雑学を提示して終わってしまう可能性を警告しているためである。そして筆者自身、同氏の主張に触れてから、韓国の一次史料を読み込むことにより、オーダーメイドの韓国論、竹島論を書き上げることができないものかと改めて考えるようになったのである。

6.5 本書の研究方法

ここで、そろそろ議論をまとめよう。今まで説明してきたように、本書は第一に歴史研究の手法、そして第二に社会連携の態度を土台としている。そうであればこそ、筆者は韓国政府の刊行物や国会会議録を読み、歴史的な流れを追っていく作業に従事したのである。しかし問題意識は実務者の方を向いており、現実に起きている竹島近海での出来事や海上保安庁業務との関わりを念頭に置いている。そして、この二点こそが本書の背景にあるのである。筆者が第1章から第5章まで行ってきた議論を改めて想起して頂きたい。

終章

韓国の海洋当局（海洋水産部／国土海洋部／海洋警察庁）と外交当局は竹島周辺海域を取り扱う際、日本の何に対し不満を持ち、それにどのように対処してきたのだろうか。本書はこの点に答えを出すべく、韓国政府が公表してきた資料や国会会議録等に依拠しながら議論を展開してきた。以下、「韓国水域」、「領海」、「海洋調査」そして「海洋科学基地」に注目しながら、議論を振り返ってみよう。

まず、韓国水域について確認したい。日韓間には排他的経済水域（EEZ）の境界設定がなされていない。ここで確認しておかなくてはならないのは国連海洋法条約第121条である。これに基づき、竹島を「島」と解釈するか「岩」と解釈するかで議論の仕方が変わってくるためである。

EEZを設定するためには、基点を定める必要がある。それゆえ問題は、どこを基点とするのかとなるのである。韓国政府が主張を展開する際に想定していたのは、隠岐諸島、竹島、そして鬱陵島（ウルルンド）であった。なお、彼等は日本政府が竹島を基点として竹島－鬱陵島中間線を主張することを受け入れることはできない。彼等にしてみれば竹島は韓国領であるためである。しかし、日本政府が竹島領有権を放棄する可能性は想定しがたく、そうであればこそ、竹島を「(事実上）岩」と解釈しようとしたのである。そうすることにより、領有権問題には触れることなく、境界設定を行えるためだった。同島が「岩」であれば、竹島はEEZを設定する際の基点となり得ず、日本の隠岐諸島と韓国の鬱陵島の間に中間線を引ける。さらに、そうした場合、竹島はその中間線以西、すなわち韓国側のEEZに入ってしまうのであった。

ただ、上記作戦は思惑どおりにいくこともなく、日本政府は竹島－鬱陵島中間線を要求することとなる。そして韓国政府に動きが出るのは2006年6月であった。同年4月、日本側が竹島近海調査を企図したことに不満を抱き、彼等は立場を変更するという措置に出るのである。竹島は「島」であり、韓国政府が主張するEEZの基点である旨、日本側に伝えたのだった。以後、彼等は竹島

－隠岐諸島の間の中間線をもって、日韓境界と主張するに至る。いわば、従来の鬱陵島－隠岐諸島中間線よりも日本側に一層食い込むようになったわけである。彼等が日本から守るべき「韓国水域」はこのような経緯で拡張したのだった。

なお、両者が異なる中間線を主張していることの意味も再確認しておこう。これにより重複海域が生じるのである。そして、この海域で一方による海洋調査活動等がなされたとき、もう片方の国がそれを問題視するようになるのである。

さて、それでは次に領海や韓国水域の海上警備について確認してみよう。2005年および2006年、竹島周辺海域が慌ただしくなる。2005年には島根県議会が「竹島の日」を制定し、かつ日本の私船が竹島に向かってしまった。そして2006年には海洋調査をめぐって日韓両政府が対立するのである。韓国政府はこれらへの対策を提示してくるのだが、その際、彼等の私船対応と公船対応を分けて考える必要がある。

まずは2005年の事案である。海洋警察庁は島根県議会が「竹島の日」を制定した直後、海上警備強化策を発表した。しかし、その数か月後には日本の私船が竹島に向かってしまうという事態に直面し、自らの警備手法に変更を加えるようになるのである。そして、その中身を確認すると彼等が領海、接続水域等を意識した警備手法をとっていることがわかる。また､彼等は私船の行動パターンを各種想定したうえで、対処方針を用意していた点にも留意しておこう。あくまで韓国側が想定する法秩序を守り、それを乱すものを取り締まるという立場なのである。

次に2006年の事案を確認したい。彼等が反発した理由は、海上保安庁による竹島近海調査企図にあった。これに韓国政府は不満を抱くわけだが、ここで問題が生じる。相手は日本の公船である。すなわち韓国自身、国連海洋法条約を批准している中、外国公船を法執行の対象とできるのかという問題が浮上するのである。「日本の巡視船の場合、公船として国際法上、拿捕、砲撃等、強制力の行使は不可能です」[1]。これこそが韓国政府の従来の立場であった。しかし2006年4月、彼等は国内法に基づいて、海上保安庁の測量船に対し法執行をするという決断を下すのである。その際、彼等は批准している条約と国内法に乖離があった旨、説明したことも付言しておきたい。このような論理により、韓国政府は自国が想定している法秩序を守るという意思を押し出してくるのである。なお事件後、彼等は海上保安庁対策のため、警備艦等の増強に邁進するようになったことも確認しておきたい。

それでは次に、海洋調査に関する問題を取りあげよう。竹島周辺海域でなされている海洋調査は多岐にわたる。本書ではそのうち、韓国海洋科学技術院、国立水産科学院そして国立海洋調査院が行っている調査に注目した。

ここで、ある立法措置に注目しよう。竹島の持続可能な利用に関する法律である。これは島根県が「竹島の日」を制定した直後に法制化されている。そして、同法により、竹島周辺海域は法定調査の対象となってしまったのだった。それを担ったのが韓国海洋科学技術院と国立水産科学院である。

ただ、確認しておくべきは立法化以前の動きであろう。彼等はそれ以前から竹島周辺海域を調査しており、そこには明確な意図があったのである。いわば、同海域を政府主導で定期的に調査しておくことが竹島領有権を主張するうえで有利であるとの思いがあったのだった。立法化措置はその延長線上にある。

さて2018年、2019年、韓国の国会で海洋調査問題が再度、争点化してしまう。竹島周辺海域で行われている韓国側の海洋調査活動に対し、海上保安庁が「威嚇」や「妨害」を行っているというのである。ここで彼等はその具体的事例等を公表したのだが、それによれば韓国海洋科学技術院と国立水産科学院のほか、国立海洋調査院による調査活動もまた「妨害」等を受けているとのことだった。これに対し、海洋警察庁は各海洋調査機関と連携して警備に当たることを公表したのである。

それでは最後に、竹島の海洋科学基地について確認しよう。当初、彼等は韓国三方において海洋科学基地を建設する旨、議論を展開していた。その一環として登場したのが竹島海洋科学基地である。ただ第一期工事は立ち消えとなったわけだが、問題はその後の復活理由であろう。日本の学習指導要領解説が発端となって、基地建設が再開されるようになったのである。事実、韓国政府は同解説にある竹島関連記述に対し、不満を声高に論じたのであった。

さて基地建設工事の再開は決まったものの、ここで国連海洋法条約と国内法（文化財保護法）が思わぬ障害となってしまう。まず外交当局は、基地を建設することにより、日本側から国際海洋法裁判所に提訴されることを恐れたのであった。事実、彼等は基地建設消極派であったと言って良い。ただ、決定打は国内法によってもたらされることとなる。文化財保護法の審査の結果、現行の基地建設計画そのものが否決されてしまったのである。日本の教育行政に対する不満から再開されるようになった基地建設事業だったが、「一時保留」という帰結を迎えるのであった。

以上4つのテーマを確認したとき、韓国の海洋当局／外交当局による対日アプローチの方向性が見えてくるだろう。彼等の不満の源泉は「竹島の日」、「教科書」、「日本による海洋調査企図」そして「日本からの調査妨害」等、多々ある。そして、その対抗措置には、一定の方向性があるのである。彼等が守ろうとしたのは、竹島周辺海域における法秩序である。竹島が韓国領であることを前提とした秩序、いわば韓国の国内法および同国政府が解釈するところの国連海洋法条約が適用される空間を守ることに必死なのである。ただ、これはときとして韓国側にある種の負担をも加えていることを見逃してはなるまい。海洋科学基地問題で見て取れるように、国際司法を恐れるあまり省庁間対立を招来したりしたのだった。そして竹島が「島」か「岩」かで揉めるわけであり、また公船拿捕をめぐっても従来の立場と距離をとるような見解を提示するのである。このように彼等の秩序はその時々により、自らが設定する国益にあわせて変化するのだが、それはそれで新たな秩序の誕生でもある。彼等はときに頑なに法秩序を守り、そしてときとして柔軟に新たな法秩序を作り出したのだった。

結局、ここには軍事問題と異なる世界があるのである。一例として、2020年6月5日、日本政府が韓国政府に対し抗議したことがあった[2]。韓国軍が竹島およびその周辺海域で軍事訓練を実施したためである。確かに、それらは耳目を集めやすい事案であろう。しかし、そればかりに目を奪われては、竹島周辺海域でなされている事態を誤解、混同してしまう。竹島周辺海域には軍事問題とは明らかに異なる対立軸－すなわち、日韓それぞれが形成した法秩序をいかにして相手国から守るかという対立軸－があるのである。

さて、ここで確認しておくべきは、海洋当局、外交当局がとってきた各種政策の意味であろう。これは彼等による対日メッセージである。日本側の行動に対しいかなる不満を抱いたか、そしてそれへの対抗措置として何をするか。これはまさしく日本への訴えなのである。そして、その不満等を内包したまま、彼等は韓国国内法や自国政府の条約解釈により塗り固められた法秩序－竹島周辺海域における法秩序－を一層、日本から守ろうとするのである。海上法執行機関や海洋調査機関はその手段であるにすぎない。結局、韓国側の行動を理解するためには、彼等が自国の国内法、条約解釈等を竹島周辺海域にどのように適用しようとしているのかまで検討する必要がある。そして、そうしてこそ同国の海洋当局、外交当局が竹島周辺海域をめぐって抱えている不満や対処がより明確に見えてくるようになるのである。

おわりに

本書の議論もそろそろ終わりに近づいてきた。まずは、ここまで読み進んで下さった読者に対し、感謝の念を表したい。ただただ御礼を申し上げるばかりである。

さて、終章をもって本書の主要な議論は終わった。最後は、今までと少し違う角度から韓国や竹島に触れつつ、読者に別れを告げたいと思う。読者自身、韓国政府による竹島関連主張には、ある種のからくりがあることを御存知だろうか。この点について、以下、紹介しよう。

ときは1996年2月13日、この日、韓国では第178回国会・統一外務委員会が開催されていた。その際、柳興洙（ユフンス）委員が、竹島関係資料を議題として取り上げたのである。同氏はそれら資料を韓国国民に明かし、国内外の資料を集大成する必要がある旨、論じたうえで、政府自身、それらを資料として残すなど、関連作業を行っているのか否かを問いただしたのだった[1]。そして、この質問を受けて孔魯明（コンノミョン）外務部長官は以下のように返答したのである。

> 「竹島に関する資料は、政府が持続的に収集、整理してきております。また、その資料を整理して発表するという問題は、相当に慎重な判断をすべきものと、私達はこのように考えております」[2]

まず、韓国政府自身、竹島関連資料を持続的に集めてきたことを認めたのだった。しかし、問題はここからである。それらを発表する場合、「相当に慎重な判断」が必要である旨、論じたのであった。この答弁に金元雄（キムウォンウン）委員が噛みつき、政府を批判した[3]。しかし、長官の意思は固かったのである。彼は以下のように答えるのだった。

> 「我々が持っているものを全部公開することが、最上の方法ではないという話です」[4]

この答弁に納得がいかない鄭夢準（チョンモンジュン）委員、そして金燦斗（キムチャンドゥ）委員までもが議論に加わってくる。長官に対し、政府が有する竹島関連資料の公開を求めたのだった[5]。そして、これら複数の委員からの訴えを前にして、孔魯明長官はとうとう竹島関連資料の実態を公表したのである。

「資料によっては公開するのが良く、また公開しないのが有利なものもあります」[6]

このとき、長官は政府保有資料の全面公開に否定的な理由を明らかにしたのである。韓国政府は竹島関連資料を持続的に集めてきたものの、その中には彼等が同島を論じる際、「公開しないのが有利なもの」まで見つかってしまったのであった。長官はそうであればこそ、資料公開の是非に関しては「相当に慎重な判断をすべき」と論じたのだった。以上の答弁から見て分かるように、実は韓国政府自身、保有しているすべての竹島関連資料を公開した場合、自らの立場に傷がつくことをすでに国会で認めているのである。

さて、実はこれに類似する見解はほかにもある。2008 年 11 月 13 日の第 278 回国会・外交通商統一委員会を確認してみよう。柳明桓（ユミョンファン）外交通商部長官と朴宣映（パクソンヨン）委員のやりとりである[7]。

朴宣映委員

「今、外交部がその間、竹島領有権強固化事業の結果物として古地図のようなものをたくさん収集なさったでしょ？」

柳明桓外交通商部長官

「はい、そうです」

朴宣映委員

「古文書もたくさん収集なさったものと理解しております。竹島資料室というところで運営なさっているのでしょ？」

柳明桓外交通商部長官

「はい、そうです」

朴宣映委員
「その竹島資料室は公開されていますか？」

柳明桓外交通商部長官
「それは非公開になっております」

朴宣映委員
「なぜ、非公開になるのですか？」

柳明桓外交通商部長官
「なぜそうなのかと申しますと、大部分の資料が篤志家の寄贈によるものでして、いかなる貴重な資料があるかということを全部公開するのは、それが長期的な戦略側面で合わないため、そのようにしております」

朴宣映委員
「戦略的な側面から合わないという論理は、全く理解しづらいです。古地図がどんなものがあって、過去にどのようになっているのか…」

柳明桓外交通商部長官
「古地図だけではなく…」

朴宣映委員
「文献も同様で、それならば、それを全部、すべて対外秘になさる必要がありますか。そのようにすべて対外秘になさっておるのですが、このように予算をたくさん策定する必要がありますか」

柳明桓外交通商部長官
「一部は対外秘にして、一部必要なものは、東北アジア歴史財団と協助して、そちらに移管して少し公開する方案も検討しています」

以上は何を意味するのだろうか。確かに韓国政府は竹島に関連する見解表明を数多行ってきた。しかし韓国政府は同時に、自らが保有している竹島関係資料を一部、非公開措置にしていることをも認めているのである。いわば我々が知らない、韓国政府公認の、非公開にしておく方が有利な資料、長期的な戦略側面上、公開しない方が良い資料が存在するわけである。そして彼等自身、それら資料が表に出ないようにしつつ、竹島に関する各種見解を表明し、政策を作ってきたこととなる。

なお筆者自身、その後、韓国政府が、「相当に慎重な判断」を下し、保有している竹島関係資料を全面公開したとの議論に接していない。恐らく、今も、それら資料は、どこかに保管されているのではないだろうか。それを考えると、本書で取り上げてきた諸々の海洋政策もまた、この条件から逃れるものでない。あくまで特定の政府保有資料が表に出ないことを前提に立案、執行されてきたものとも言えるのである。

2021年1月

野中 健一

注・参考文献

以下に提示されている韓国語資料について説明を加えておきたい。人名、資料名等、漢字のみで表記可能なものは、一部の人名を除き、ハングル表記をつけていない。一方、固有語が混在している資料名にあっては、その日本語訳のほか、ハングル表記も括弧内に記しておいた。

【注】

はじめに

1) 以下、ホームページを参照（2020年8月4日閲覧）。
https://www.cas.go.jp/jp/ryodo/index.html
2) 以下、ホームページを参照（2020年8月4日閲覧）。
https://www.cas.go.jp/jp/ryodo/torikumi/torikumi.html
3) 以下、ホームページを参照（2020年8月4日閲覧）。
https://www.cas.go.jp/jp/ryodo/torikumi/mext.html
4) 当段落は、以下資料に基づいて論じられている。以下、ホームページを参照（2020年8月4日閲覧）。
https://www.mext.go.jp/a_menu/shotou/new-cs/youryou/1351334.htm
5) もう少し説明を加えるとすれば、以下のような対比となる。改訂前の高等学校学習指導要領解説では「北方領土など我が国が当面する領土問題や経済水域の問題など」をとりあげることとしていたのだった。しかし、改定後は「北方領土や竹島の領土問題や経済水域の問題など」をとりあげる旨、変更したのである。以下、PDFを参照（2020年8月4日閲覧）。同資料9頁目を確認。
https://www.mext.go.jp/component/a_menu/education/micro_detail/__icsFiles/afieldfile/2018/01/19/1400525_16_1.pdf
6) なお、本書は竹島近海における韓国海軍の動向等、軍事問題を扱っているわけでない。序章の注11で説明しているように、韓国の海洋当局と外交当局の言動等に注目して議論を展開している。なお、指摘するまでもなく、韓国の正式名称は大韓民国である。ただ、本書においては「韓国」表記を使用している。

序　章

1）厳密に論ずれば、2004年5月にも日本人を搭乗させた船舶が竹島への航行を企図している。しかし、韓国政府は当時（後に生じる2005年、2006年の事態ほどには）積極的な対処策を見せなかった。なお、数少ない反応として以下を確認できる。海洋警察庁編、『第262回国会（定期会）2006年　国政監査　農林海洋水産委員会　共同要求資料』、2006年、259頁。ここで海洋警察庁長が、当該事案を踏まえて同庁国際課に指示事項を出していることがわかる。これを受けて同課は同年5月17日に資料報告を行っているのである。なお、それ以外に以下も参照されたい。海洋警察庁編、『2011　国際海洋法実務解説書』、2011年、69頁-70頁。当該事案に関する資料が掲載されている。

2）海上保安庁編、『海上保安レポート2003』、2003年、34頁。同資料において海上保安庁が竹島周辺海域において監視活動を行っている旨、説明している。海上保安庁編、「竹島周辺海域における海上保安庁の警備状況」、出版年月日記載なし。同資料において海上保安庁が竹島周辺海域において哨戒活動を行っている旨、説明している。なお、後者の資料は新藤義孝国会議員のホームページで閲覧可能である。以下、ホームページを参照。（2020年10月22日閲覧）
https://www.shindo.gr.jp/2019/02/20_ryoudo

3）パク＝ヨンハ（박영하）他編、『海洋警察学』、ムンドゥサ（문두사）、2011年、31頁-32頁。それ以前は同庁自身、警察庁に所属していた。

4）以下、ホームページを参照（2020年8月19日、閲覧）。
http://www.law.go.kr/LSW//lsInfoP.do?lsiSeq=5926&ancYd=19960808&ancNo=05153&efYd=19960808&nwJoYnInfo=N&efGubun=Y&chrClsCd=010202&ancYnChk=0#0000

5）以下、ホームページを参照（2020年8月19日、閲覧）。
http://www.law.go.kr/LSW//lsInfoP.do?lsiSeq=219017&ancYd=20200609&ancNo=17384&efYd=20201210&nwJoYnInfo=N&efGubun=Y&chrClsCd=010202&ancYnChk=0#0000

6）以下、ホームページを参照（2020年8月19日、閲覧）。
http://www.law.go.kr/LSW/lsSc.do?section=&menuId=1&subMenuId=15&tabMenuId=81&eventGubun=060101&query=%ED%95%B4%EC%96%91%EA%B2%BD%EC%B0%B0%EB%B2%95#undefined

7）海洋警察庁編、『海洋警察法解説書』、2019年、20頁。

8）同上、38頁。なお、韓国では竹島を「独島」と呼称している。そして、ここでも「独島の主権的権利保護」と論じている。しかし本書では当該陸域を原則、「竹島」と記すこととした。また、これ以外にも、「独島」表記を含んだ名詞- 一例として竹島に駐屯している「独島警備隊」-も含めて「竹島」表記に改めている。ただし、注に記載してある資料に限って、「独島」表記を残した。資料を確認したい読者に混乱を与えないようにするためである。一例として筆者自身、本書において国土海洋部が発刊した「独島主要事業推進現況」を利用しているが、それを「竹島主要事業推進現況」と表記しているわけでない。そのまま「独島」表記を使用している。

9）同上、43頁。

10）同上、44頁。

11）本書の題目は「竹島をめぐる韓国の海洋政策」である。ただ、ここで言う海洋政策とは同国の海洋当局（海洋水産部、国土海洋部、海洋警察庁）が立案、執行している政策に限定されるものでない。国連海洋法条約はそもそも外交部・国際法律局・国際法規課が担当しているためである（以下、ホームページを参照。2020年8月21日閲覧）。
http://www.mofa.go.kr/www/pgm/m_4277/uss/org/orgcht.do?seq=95
以上より、本書では海洋当局のみならず、外交当局の海洋関連諸政策をも含めて、韓国の海洋政策と捉えている。

12）以下、ホームページを参照（2020年8月19日、閲覧）。
https://www.law.go.kr/admRulSc.do?menuId=5&query=%ED%95%B4%EC%96%91%EA%B2%BD%EC%B0%B0%EC%B2%AD%20%EC%A2%85%ED%95%A9%EC%83%81%ED%99%A9%EC%8B%A4%20%EC%9A%B4%EC%98%81%20%EA%B7%9C%EC%B9%99#liBgcolor0

13）同上、別表3を参照。

14）離於島海洋科学基地は中韓間の懸案事項である。しかし筆者自身、海洋科学基地問題を中韓間の問題にのみ限定するべきでないと考える。韓国政府自身、竹島周辺海域にも海洋科学基地を建設しようと奔走した経緯があるためである。この結果、韓国の国会では長らく、同基地建設問題が議論されてきたのであった。そして、そこでの論争をとおして、韓国が抱いている日本への不満、そしてそれへの対処が明らかとなったのである。竹島周辺海域をめぐる顕在化していない問題としての海洋科学基地もまた、重要な論点となるのである。

第1章　竹島近海の日韓EEZ境界

1）当段落は、以下資料に基づいて論じられている。外務省編、「韓国国立海洋調査院所属の海洋調査船「Hae Yang 2000」による海洋調査活動」、2017年5月17日。以下、ホームページを参照（2020年6月15日閲覧）。
https://www.mofa.go.jp/mofaj/press/release/press4_004619.html
外務省編、「韓国国立海洋調査院所属の海洋調査船「Hae Yang 2000」による海洋調査活動」、2017年5月18日。以下、ホームページを参照（2020年6月15日閲覧）
https://www.mofa.go.jp/mofaj/press/release/press4_004621.html

2）海上保安庁編、『海上保安レポート2003』、2003年、34頁。以下、ホームページを参照（2020年8月31日閲覧）。
https://www.kaiho.mlit.go.jp/info/books/report2003/special01/03.html

3）以下、ホームページを参照（2020年8月31日閲覧）。
https://www.kantei.go.jp/jp/headline/takeshima.html
なお、原資料は画質が悪く、残念ながら出版に適していなかった。それゆえ、ここで使用している図は原資料をもとに描き直したものである。より正確な理解を欲する読者は是非、原資料を確認されたい。

4）海洋警察庁編、『2011　国際海洋法　実務解説書』、2011年、58頁。なお、原資料は画質が悪く、残念ながら出版に適していなかった。それゆえ、ここで使用している図は原資料をもとに描き直したものである。より正確な理解を欲する読者は是非、原資料を確認されたい。なお、以下では原資料をそのまま使用しているので、それを参照して頂いても構わない。野中健一、「韓国政府から見た竹島の法的地位 - 国連海洋法条約上の「岩」から「島」への転換 - （その2）」、海上保安大学校編、『海保大研究報告』、2016年、98頁。

5）国会事務處編、「第177回国会　統一外務委員会会議録　第11号」、1995年11月29日、7頁。また、同法は以下で確認できる（2020年10月26日閲覧）。
https://www.law.go.kr/LSW//lsInfoP.do?lsiSeq=4326&ancYd=19951206&ancNo=04986&efYd=19960801&nwJoYnInfo=N&efGubun=Y&chrClsCd=010202&ancYnChk=0#0000

6）国会事務處編、「第177回国会　統一外務委員会会議録　第10号」、1995年11月2日、8頁。

7）国会事務處編、「第177回国会　統一外務委員会会議録　第11号」、1995年11月29日、16頁-18頁。

8）同上、17頁。なお、原文では「韓国のそれが重なった場合」とは記されておらず、「我々と衝突や摩擦が生じる場合はないのですか」と論じられている。この点、意訳した。

9）同上、17頁。

10）同上、17頁。
11）同上、18頁。
12）たとえば、以下を参照。国会事務處編、「第178回国会　統一外務委員会会議録　第2号」、1996年2月13日、38頁。国会事務處編、「第252回国会　統一外交通商委員会会議録　第4号」、2005年3月21日、25頁、30頁-31頁。国会事務處編、「第279回国会　外交通商統一委員会会議録　第1号」、2008年12月10日、23頁。国会事務處編、「第289回国会　外交通商統一委員会会議録　第1号（付録）」、2010年4月9日、23頁。
13）たとえば、以下を参照。国会事務處編、「第183回国会　統一外務委員会会議録　第5号」、1997年5月6日、28頁。
14）国会事務處編、「第183回国会　統一外務委員会会議録　第5号（付録）」、1997年5月6日、4頁。以下も参照。国会事務處編、「第180回国会　統一外務委員会会議録　第3号」、1996年7月23日、39頁。
15）国会事務處編、「第183回国会　統一外務委員会会議録　第5号（付録）」、1997年5月6日、5頁。
16）国会事務處編、「第178回国会　統一外務委員会会議録　第2号」、1996年2月13日、5頁。
17）同上、35頁-36頁。国会事務處編、「第180回国会　統一外務委員会会議録　第4号」、1996年7月24日、1頁-2頁。当段落は、同資料に基づいて論じられている。なお、日本は1996年6月20日に国連海洋法条約を批准している。
18）当段落は、以下資料に基づいて論じられている。国会事務處編、「1996年度国政監査　統一外務委員会会議録（付録）被監査機関　外務部」、1996年10月1日、54頁。
19）なお、1996年3月および同年6月、日韓首脳会談が開催されている。前者では条約批准に伴う措置が竹島に対する両国の立場に影響を与えない点が、そして後者では竹島領有権と排他的経済水域の境界画定問題を切り離し、漁業協定交渉を促進する点が確認されたと説明されている。外務省編、『外交青書1997　第一部』、1997年、35頁-36頁、399頁、403頁。外務省編、『外交青書1997　第二部』、1997年、21頁。以下も参照。衆議院編、「第百三十六回国会衆議院　外務委員会　農林水産委員会　運輸委員会　科学技術委員会連合審査会議録　第一号」、1996年5月24日、6頁-8頁。
20）国会事務處編、「第178回国会　統一外務委員会会議録　第2号」、1996年2月13日、36頁。
21）同上、38頁。ただ、韓国政府自身、竹島をめぐる日本政府の行動を常に排他的経済水域だけにより説明しようとしていたわけでもない。たとえば2010年4月、柳明桓外交通商部長官は、日本側が継続して竹島問題を取り上げている理由として、同国が将来、国際司法裁判所への提訴を想定しているためであると外交通商部自身、分析している旨、明らかにしている。
国会事務處編、「第289回国会　外交通商統一委員会会議録　第1号」、2010年4月9日、13頁。

22) 国会事務處編、「第178回国会　統一外務委員会会議録　第2号」、1996年2月13日、42頁。

23) 専門委員とは国会法第42条により定められており、立法活動を支援する。なお、同法はたびたび改正されている。ここでは当該時期のもの（1995年3月3日一部改正、同日施行）を参照している。また、同法は以下で確認できる（2020年9月1日閲覧）。
http://www.law.go.kr/LSW//lsInfoP.do?lsiSeq=50034&ancYd=19950303&ancNo=04943&efYd=19950303&nwJoYnInfo=N&efGubun=Y&chrClsCd=010202&ancYnChk=0#0000
　なお、当段落は、以下資料に基づいて論じられている。国会事務處編、「第180回国会　統一外務委員会会議録　第4号」、1996年7月24日、3頁。

24) 正式には「第7海底鉱区」と呼称する。韓国の海底鉱区は「海底鉱物資源開発法施行令」により定められている（1970年5月30日制定、同日施行）。そこに第7海底鉱区の正確な位置が緯度経度を使用して示されている。（「別表　海底鉱区」部分、参照）なお、同令は以下で確認できる（2020年9月1日閲覧）。
http://www.law.go.kr/LSW//lsInfoP.do?lsiSeq=34184&ancYd=19700530&ancNo=05020&efYd=19700530&nwJoYnInfo=N&efGubun=Y&chrClsCd=010202&ancYnChk=0#0000
　ところで1974年1月、日韓は「日本国と大韓民国との間の両国に隣接する大陸棚の南部の共同開発に関する協定」を結び、これにより共同開発区域を設けた。第7海底鉱区全域のほか、韓国側が設定した第4、第5そして第6-2の各海底鉱区の一部が同区域に含まれるようになったのである。
チョン＝ミンジョン（정민정）、「『日韓大陸棚共同開発協定（1974）』の2028年終了可能性と将来の課題（『한・일대륙붕 공동개발협정（1974）』의 2028년 종료 가능성과　향후과제）」、国会立法調査處編、『イシューと論点（이슈와　논점）』（第1714号）、2020年5月11日、頁記載なし（2頁目）。

25) 当段落および次段落は、以下資料に戻づいて論じられている。国会事務處編、「第180回国会　統一外務委員会会議録　第4号」、1996年7月24日、4頁。

26) 李珍福（イジンボク）、「忘れられた海洋領土、第7鉱区！！　国内大陸棚海底鉱区の石油資源開発の問題点と政府の役割に関する政策討論会（잊혀진 해양영토 제7광구！！ 국내 대륙붕 해저광구의 석유자원 개발의 문제점과 정부의 역할에 관한 정책토론회）」、2011年、36頁。「Ⅶ」と記された領域が第7海底鉱区である。そして参考までに記せば、李珍福は韓国の国会議員である。なお、原資料は画質が悪く、残念ながら出版に適していなかった。それゆえ、ここで使用している図は原資料をもとに描き直したものである。より正確な理解を欲する読者は是非、原資料を確認されたい。
27) 国会事務処編、「第178回国会　統一外務委員会会議録　第2号」、1996年2月13日、53頁。
28) 参議院編、「第百三十六回国会　参議院海洋法条約等に関する特別委員会会議録第三号」、1996年6月4日、30頁。なお、谷内正太郎審議官自身、竹島は「岩」か「島」かを論じる際、韓国政府が日本政府と異なる立場を取り得るとも論じた。同上、30頁-31頁。
29) 国会事務処編、「第181回国会　統一外務委員会会議録　第6号」、1996年11月6日、18頁。以下も参照。国会事務処編、「第181回国会　統一外務委員会会議録第6号（付録）」、1996年11月6 日、6頁。
30) 国会事務処編、「第181回国会　統一外務委員会会議録　第6号」、1996年11月6日、18頁。
31) 国会事務処編、「第183回国会　統一外務委員会会議録　第5号」、1997年5月6日、28頁。
32) 同上。
33) 摩擦を避けたいとの主張は1996年の竹島接岸施設工事のときにも見られた。このとき、韓国政府は「不必要な外交摩擦を避けるため、言論には報道されないよう、留意している」との立場さえ有していたのである。国会事務処編、「第183回国会　統一外務委員会会議録　第5号（付録）」、1997年5月6日、4頁。
34) 当段落は、以下資料に基づいて論じられている。国会事務処編、「第184回国会統一外務委員会会議録　第2号」、1997年7月10日、7頁。
35) 国会事務処編、「第183回国会　統一外務委員会会議録　第5号」、1997年5月6日、28頁。
36) 当時の反応としては、以下を参照。国会事務処編、「第187回国会　統一外務委員会会議録　第1号」、1998年1月26日、1頁 - 3頁。
37) 韓国政府は、領有権の強固化で最も重要な要件は「持続的で平和的な国権行使（Continuous and peaceful display of state authority）」である旨、論じている。そうであればこそ、彼等は日本政府が抗議、示威、そのほか紛争の存在が浮かび上がるような行為を実施して欲しくなかったのであり、そのような行為を行う口実を与えたくなかったのである。国会事務處編、「1999年度　国政監査　統一外交通商委員会会議録（付録）被監査機関　駐日本国大韓民国大使館」、1999年10月4日、10頁。

38）国会事務處編、「1998年度　国政監査　統一外交通商委員会会議録（付録）被監査機関　外交通商部」、1998年11月5日、46頁。

39）当段落、および以下二段落は以下資料に基づいて論じられている。同上、27頁。

40）たとえば、以下を参照。国会事務處編、「第212回国会　統一外交通商委員会会議録　第2号（付録）」、2000年6月21日、20頁。竹島を韓国の排他的経済水域に入れることが、政府の基本的立場である旨、論じている。

41）国会事務處編、「1998年度　国政監査　統一外交通商委員会会議録（付録）被監査機関　外交通商部」、1998年11月5日、27頁。なお1998年11月14日、金鐘泌（キムジョンピル）国務総理自身、韓国政府が竹島を「岩」である旨、解釈していると明らかにしている。国会事務處編、「第198回国会　国会本会議会議録　第8号」、1998年11月14日、63頁。

42）国会事務處編、「1998年度　国政監査　統一外交通商委員会会議録　被監査機関　外交通商部」、1998年11月5日、27頁。

43）国会事務處編、「1998年度　国政監査　統一外交通商委員会会議録（付録）被監査機関　外交通商部」、1998年11月5日、27頁。

44）国会事務處編、「第203回国会　統一外交通商委員会会議録　第2号」、1999年4月23日、18頁。竹島を「岩」と解釈した方が法解釈上妥当であり、韓国に有利であるとの議論は以下でもなされている。国会事務處編、「2000年度　国政監査　統一外交通商委員会会議録（付録）被監査機関　外交通商部」、2000年11月4日、69頁。

45）当段落は、以下資料に基づいて論じられている。海上保安庁編、『海上保安レポート2007』、2007年、28頁-29頁。

46）国会事務處編、「第259回国会　統一外交通商委員会会議録　第2号」、2006年4月18日、33頁。

47）同上。類似の発言として以下も参照。同上、49頁。

48）海上保安庁編、『海上保安レポート2007』」、2007年、29頁。なお、原資料は画質が悪く、残念ながら出版に適していなかった。それゆえ、ここで使用している図は原資料をもとに描き直したものである。より正確な理解を欲する読者は是非、原資料を確認されたい。

49）国会事務處編、第259回国会　統一外交通商委員会会議録　第2号」、2006年4月18日、51頁。

50）国会事務處編、「第259回国会　統一外交通商委員会会議録　第3号」、2006年4月20日、14頁 - 15頁。なお、類似の対話として以下も参照。同上、16頁。以下、そこからの抜粋である。

柳明桓第一外務次官

「（前半部分、省略）あまりにも明白な我々の領土である竹島が国際司法裁判所に、国際紛争手続きに行くということ自体、私達は受け入れることができないので、それを源泉的に排除するため、基点も竹島にせず、鬱陵島にしたのです。我々が損益計算をしたとき、それが国際的な支持を一層確保でき、また万一の場合に我々の主張を国際裁判所やそのような所でする場合、何が強いのか、現実的に解決できる素地があるのか、方法が何か、このようなことをすべて検討して鬱陵島を基点とし、日本に提示したのですが、不幸にも日本はそれに対し耳を傾けず竹島を国際紛争水域とする、そのような意図を持っていたため、彼等もそれが無理であることを知りつつ、竹島を基点として主張したのです。したがって、この時点で我々がそのような立場を変えるのか、変えないのか、どちらに一層実利があるのか、どちらが国際的な支持を多く受けることができるのかという政治的な判断問題であり、竹島が二、三日前のどこかの新聞にも出ておりましたが、竹島が岩だ、いや島だという論争は、相当副次的です。国際法理論と言うのは国益に合うように…」

鄭義和（チョンイファ）委員

「分かります」

51）当段落および次段落は、以下資料に基づいて論じられている。国会事務處編、「第259回国会　統一外交通商委員会会議録　第4号」、2006年4月26日、2頁 - 3頁。なお、当時交渉に当たった谷内正太郎によれば、この三点をどの順番で発表するか日韓間で決着がなかなか付かなかったとのことである。韓国側はあくまで日本側が先に測量中止を表明し（それを三点合意の内、第一点として発表することを主張）、韓国側が海底地名登録を将来、適切な時期に推進すると表明したい旨、訴えた（それを三点合意の内、第二点として発表することを主張）。谷内正太郎、高橋昌之、『外交の戦略と志 - 前外務次官谷内正太郎は語る』、産経新聞出版、2009年、63頁 - 64頁。

52）盧武鉉は過去、海洋水産部長官の地位に就いていたことがある（2000年8月

-2001年3月）。海洋行政の責任者であった当時、同氏は竹島の法的地位に関する持論を国会で吐露したことがあった。2000年10月31日、彼は国会の席上、個人的見解と断ったうえで、竹島は「島」であると答弁したのである。これを受けて金淇春（キムギチュン）委員が、個人的見解ではなく長官としての見解を問いただしたところ、「海洋水産部長官としては竹島を島と解釈し、その根拠のうえで常に主張し、また、それを貫徹するため、努力をすべきと考えます」と返答したのである。長官による条約解釈を受けて、委員は「正しい答弁」であると評したのだった。ただ委員はこれに留まることなく、さらに質問をするのである。外交通商部長官は竹島を「岩」だと言っているが、それについてどう思うかと尋ねたのだった。これに対し盧武鉉の見解は極めて率直なものであった。「申し訳ありませんが、私は外交通商部の立場が、竹島を『岩』だと明白に、そのように表現したという点に対し、よく分かりませんでした」。この発言から5年以上経過した後、大統領職にあった彼はその、外交通商部の立場を変更してしまうのだった。国会事務処編、「2000年度　国政監査　農林海洋水産委員会会議録　被監査機関　海洋水産部」、2000年10月31日、39頁、95頁。

53）外交通商部編、「日韓関係に対する大統領特別談話文」（한일관계에 대한 대통령 특별담화문）、2006年4月26日。頁記載なし。なお、特別談話そのものは前日の25日になされた。

54）外交通商部編、「長官　内・外信　定例ブリーフィング」（장관 내・외신 정례 브리핑）、2006年6月7日、頁記載なし。

55）国会事務処編、「第260回国会　統一外交通商委員会会議録　第3号」、2006年6月26日、4頁。なお、彼は「日本側が（中略）海洋科学調査を推進する等」と論じたが、海上保安庁自身、調査を実施していない。

さて、ここで後日談を紹介しておこう。竹島は「島」であり、「岩」でない。これは明らかに従来と異なる条約解釈である。そして、これは竹島周辺海域で実際に警備にあたっている海洋警察庁に一定の混乱を与えたのである。実は、同庁には部内研修用教材がある。ここではその内の『海洋警察基本教育課程　警尉基本教育教材』と『海洋警察基本教育課程　警査基本教育教材』を確認しておこう。それら2冊には、いずれにおいても以下の説明が記されているのである。

「竹島は経済水域境界画定の基点としての地位を付与され得るのだろうか。竹島は火山岩で生成された2個の大きな岩島と33個の岩石で構成された岩島群で、現在韓国の警察が駐屯しており、民間人1家族の住民登録がなされている。そして通信施設があり、船舶接岸施設が築造されているため、ひとまず民間人の居住のための施設面で基本的な要件を備えているものと見ることができる。しかし、まず食料と飲み水の自給という面で見れば、独自的な経済生活の持続要件を充足できないと言うのが現実的な批判である。したがって、竹島は韓国の領土として独立した領海と接続水域を持ち得るが、経済水域と大陸棚は持ち得ないと見る見解が、国連海洋法条約第121条3項を正しく解釈して適用しているものと判断される」

竹島は「岩」である。海洋警察庁は職員にそのように教えていたわけだが、問題は、上記見解を記した2冊の刊行年であろう。実は2009年に出された教材なのである。しかし、これでは2006年6月以後の韓国政府は「121条3項を正しく解釈して適用して『いない』」こととなってしまう。さらに引用部分末尾の下線部にも注目していただきたい。これは筆者が引いたものでなく、教材に記されていたのである。それほど重要であると教材執筆者も考えたのだろう。いずれにせよ、海洋警察庁では2006年6月以後の一定期間、竹島を「岩」である旨、職員に教え続けていたこととなる。

海洋警察学校編、『海洋警察基本教育課程　警尉基本教育教材』、2009年、497頁。海洋警察学校編、『海洋警察基本教育課程　警査基本教育教材』、2009年、441頁。

56）国会事務處編、「第260回国会　統一外交通商委員会会議録　第3号（付録）」、2006年6月26日、33頁。

57）国会事務處編、「第260回国会　農林海洋水産委員会会議録　第3号（付録）」、2006年6月23日、16頁。

58）チョン＝ミンジョン（정민정）、「韓・中間　離於島問題の解決方案（한・중간 이어도　문제의 해결방안）」、国会立法調査處編、『イシューと論点（이슈와 논점）』（第405号）、2012年3月13日、頁記載なし（1頁目）。なお、原資料は画質が悪く、残念ながら出版に適していなかった。それゆえ、ここで使用している図は原資料をもとに描き直したものである。より正確な理解を欲する読者は是非、原資料を確認されたい。

59）当段落は、以下資料に基づいて論じられている。国会事務處編、「第260回　国会　統一外交通商委員会会議録　第3号（付録）」、2006年6月26日、15頁‐16頁。

60）同上、16頁。

61）同上。

62) 日本政府が特定の陸域を「島」である旨、訴えているものの、韓国側から「岩」

であると反論された事例もある。代表的なものとして沖ノ鳥島（東京都）や鳥島（長崎県）の他、魚釣島（沖縄県）もある。国会事務處編、「第201回国会　農林海洋水産委員会会議録　第1号（付録）」、1999年2月23日、7頁。国会事務處編、「第252回国会　統一外交通商委員会会議録　第4号」、2005年3月21日、27頁。国会事務處編、「第260回国会　統一外交通商委員会会議録　第3号（付録）」、2006年6月26日、36頁。

63）当段落、および次段落は、以下資料に基づいて論じられている。国会事務處編、「2008年度　国政監査　外交通商統一委員会　被監査機関　外交通商部・韓国国際協力団・韓国国際交流財団・在外同胞財団」、2008年10月7日、34頁。

64）同上。

65）同上。

第2章　海洋警察庁による竹島警備

1）同庁は当時、警察庁所属であった。ただし1996年8月8日、海洋水産部の外庁となる。パク＝ヨンハ（박영하）他編、『海洋警察学』、2011年、ムンドゥサ（문두사）、31頁‐32頁。

2）国土海洋部、「独島一般現況資料」、2008年7月、6頁。

3）国会事務處編、「1997年度　国政監査　農林海洋水産委員会会議録　被監査機関　海洋警察庁、国立水産振興院、韓国海洋水産開発院、韓国海洋研究所」、1997年10月8日、5頁。

4）2005年6月11日、日本の私船が竹島に向けて出港した。その後、同船は竹島から24マイル地点まで接近した後、帰港するのである。海洋警察庁編、『2006年度海洋警察白書』、67頁、2006年。なお、2004年5月5日にも日本の私船が竹島を目指して出港しているが、同時案に対する海洋警察庁の反応は本章で取り上げる2005年、2006年の事態と比して少ない。ただ、全く無反応であったわけでなく、以下のような資料があることも付記しておく。海洋警察庁編、『2005年度　海洋警察白書』、2005年、65頁。海洋警察庁編、『第262回国会（定期会）2006年　国政監査　農林海洋水産委員会　共同要求資料』、2006年、259頁。

5）国会事務處編、「第252回国会　農林海洋水産委員会会議録　第4号」、2005年3月22日、3頁。なお、対日新ドクトリンの内容は以下を参照。国会事務處編、「第253回国会　統一外交通商委員会会議録　第2号（付録）」、2005年4月19日、17頁。

6）当段落および以後4段落は、以下資料に基づいて論じられている。国会事務處編、「第252回国会　農林海洋水産委員会会議録　第4号」、2005年3月22日、5頁‐6頁。

7) 海洋警察庁編、『2006年度　海洋警察白書』、2006年、67頁。
8) 海洋警察署長とは、海上保安庁における海上保安部長に相当する。
9) 当項は以下資料に基づいて論じられている。海洋警察庁編、『署長会議資料 - 2005.6.24（金） - 』、2005年、38頁 - 40頁。
10) 3001艦は1992年に建造された3000トン級の艦である。なお最大速力は18ノットとなる。海洋警察庁編、『第262回国会（定期会）　2006年　国政監査　農林海洋水産委員会　共同要求資料』、2006年、194頁。
11) 1503艦は1999年に建造された1500トン級の艦である。なお最大速力は22ノットとなる。同上。
12) 5001艦は2001年に建造された5000トン級の艦である。なお最大速力は23ノットとなる。同上。
13) 1003艦は1982年に建造された1000トン級の艦である。なお最大速力は18ノットとなる。同上。
14) 503艦は1978年に建造された500トン級の艦である。なお最大速力は22ノットとなる。同上、195頁。
15) 1008艦は2002年に建造された1000トン級の艦である。なお最大速力は23ノットとなる。同上、194頁。
16) 507艦は1981年に建造された500トン級の艦である。なお最大速力は20ノットとなる。同上、195頁。
17) 海洋警察庁編、『署長会議資料 - 2005.6.24（金） - 』、2005年、40頁。
18) 海洋警察庁編、『2011　国際海洋法　実務解説書』、2011年、72頁。
19) 以後6段落は、以下資料に基づいて論じられている。海洋警察庁編、『署長会議資料 - 2005.6.24（金） - 』、2005年、42頁 - 43頁。
20) 当段落は、以下資料に基づいて論じられている。国会事務處編、「第252回国会　農林海洋水産委員会会議録　第2号」、2005年2月21日、6頁 - 7頁。国会事務處編、「第252回国会　農林海洋水産委員会会議録　第2号（付録）」、2005年2月21日、43頁。
21) 当段落は、以下資料に基づいて論じられている。海洋警察庁編、『第262回国会（定期会）　2006年　国政監査　農林海洋水産委員会　共同要求資料』、2006年、268頁。
22) 同上。
23) 当段落は、以下資料に基づいて論じられている。海上保安庁編、『海上保安レポート　2007』、2007年、28頁 - 29頁。
24) 国会事務處編、「第259回国会　統一外交通商委員会会議録　第2号（付録）」、

2006年4月18日、40頁。

25) 外交通商部編、「（報道資料）国連海洋法条約上、強制紛争解決手続きの選択的排除宣言書の寄託」（유엔해양법협약상 강제분쟁해결절차의　선택적 배제 선언서 기탁）、2006年4月20日、頁記載なし。

26) 国会事務處編、「第259回国会　統一外交通商委員会会議録　第3号」、2006年4月20日、10頁。

なお、ここで確認しておきたい点がある。日本の巡視船が竹島を基点とした領海に入ってきた場合、どうするのかという点は従来から韓国国内で議論の対象だったのである。そして1996年2月13日、その問題に対して孔魯明（コンノミョン）外務部長官は以下のように明言していたのである。

「日本の巡視船の場合、公船として国際法上、拿捕、砲撃等、強制力の行使は不可能です」

国会事務處編、「第178回国会　統一外務委員会会議録　第2号」、1996年2月13日、62頁。なお、47頁 - 48頁も参照。

この時期は、長官自身、国際法上、公船拿捕は不可能だと論じていたのである。ただ2006年4月、その韓国が、自ら批准した条約と国内法に乖離があったと主張したのだった。その上で、海上保安庁による海洋調査企図には国内法で対応すると言う論理を口にするようになったのである。

27) 同法は以下で確認できる（2020年9月4日閲覧）。
http://www.law.go.kr/LSW//lsInfoP.do?lsiSeq=58791&ancYd=19990205&ancNo=05809&efYd=19990806&nwJoYnInfo=N&efGubun=Y&chrClsCd=010202&ancYnChk=0#0000

28) 海洋警察庁編、「海洋警察、日本海のEEZ守った」（해양경찰 동해EEZ 지켰다）、2006年4月20日、頁記載なし。

なお、当該引用に関して四点付言したい。第一に、翻訳に関する問題である。政策広報担当官の見解の中に「경계선」という用語が二か所出てくる。実は、この用語自身、「境界線」とも「警戒線」とも翻訳できる同音異義語である。ただ、どちらの用語を使用したとしても違和感を残すのである。筆者は便宜的に前者を「境界線」、後者を「警戒線」と分けて翻訳したが、その違和感については後述したい。

第二に、政策広報担当官の発言時期に関する問題である。第１章で指摘したように、韓国政府が竹島を「岩」ではなく「島」と見なし、EEZを主張する際の基点となる旨、主張し出したのは2006年6月である。一方、引用か所は同年4月の見解であり、海洋警察庁がEEZの境界線を「竹島 - 隠岐群島の中間線」である旨、発表できる状況になかった。しかし、確かに引用部の括弧内には「竹島 - 隠岐群島の中間線」とわざわざ指摘しているのである。当該時期の韓国政府による条約解釈を念頭においたとき、「竹島 - 隠岐群島の中間線」が「日韓間における排他的経済水域の『境界線』」となるわけがない。

それでは同担当官自身、「排他的経済水域の『境界線』」ではなく「韓国の排他的経済水域内に設定した『警戒線』」の意味で論じたのではないかとの思いもあるだろう。しかし、当該時期、「竹島 - 隠岐群島の中間線」は韓国の排他的経済水域に含まれていなかった。それゆえ韓国政府自身、当該海域をもって「韓国の排他的経済水域内に設定した警戒線」と呼称できる状況にもなかったのである。

ただ、ここで2005年6月の『署長会議』資料を思い起こされたい。そこから分かるように彼等は「竹島南東方40マイル」を行動海域に指定していたのである。竹島と隠岐諸島の距離は157.5キロ、すなわち、約85マイルである（竹島と隠岐諸島との距離は以下を参照。国土海洋部編、「独島一般現況資料」、2008年、3頁）。それゆえ、「竹島南東方40マイル」とは、竹島 - 隠岐諸島中間線とほぼ同海域になるのである。海洋警察庁は、政府が鬱陵島 - 隠岐諸島中間線を日韓のEEZ境界と解釈しているとき、海上警備体制としては既に、より遠方での対処方針を想定していたのだった。そして、ここで確認しておくべきは、彼等自身、同資料で「日韓EEZ境界」と表記せず、あくまで「竹島南東方40マイル」と表記していた点である。

さて、ここで図2 - 6を確認されたい。これは2007年に公表された「竹島周辺海域3線警備体系図」である。そこでは1線を「EEZ」（2線を「接続水域」、そして3線を「領海」）と明記している。韓国政府の立場に依拠したとき、確かに当該時期であれば1線を「EEZ」と表記することも可能である。以上の流れを検討したとき、政策広報担当官が「竹島 - 隠岐群島中間線」を取り挙げた際、本当は「排他的経済水域の境界線／警戒線」ではなく、「竹島南東方40マイル」のことを言いたかったのではないかと類推程度はできよう。

さて第三に、地名に関する問題である。政策広報担当官は「竹島 - 隠岐群島の中間線」という表現を使用していたが、原文では「독도 - 오오키군도　중간선」と記されている。そして、これを直訳すると「竹島 - オオキ群島　中間線」となってしまうのである。ただ、ここで取り上げられた「オオキ群島」とは明らかに「隠岐群島」のことであり、誤記である。それゆえ筆者自身、翻訳の際は「隠岐群島」という表記を使用した。

第四に、発表日時に関する問題である。当該資料は2006年4月20日付けで政策広報担当官名義により公表されている。しかし、その内容を確認すると、明らかに同日以後の動きにも触れているのである。そもそも日韓合意は4月22日であり、同月20日段階で「海洋警察、日本海のEEZを守った」と主張できる状況にはなかったはずである。それゆえ、発表日時に関しても、誤りがあるように思われる。

29）李長熙、「領土主権は国際法的規範に優先 - 日本の挑発、対応しなければ国際法上、黙認効果が発生」（영토주권은 국제법적규범에 우선 日도발 대응 안하면 국제법상 묵인효과 발생）、2006年4月27日、頁記載なし。

30）同問題は、外交当局が担当している。序章の注11を参照。

31）海洋警察庁編、「海洋紛争の専門家グループ発足　海警庁、最高の碩学達により国際海洋法委員会構成、活動始まる」（해양분쟁 전문가그룹 발족 해경청 최고의 석학들로 국제해양법위원회구성 활동 시작）、2007年4月24日。頁記載なし。

32）海洋警察庁編、『第262回国会（定期会）　2006年　国政監査　農林海洋水産委員会　共同要求資料』、2006年、33頁。

33）当項は、以下資料に基づいて論じられている。海洋警察庁編、「ここは竹島！状況訓練、一糸不乱 - 東海5001艦、EEZ侵犯に備え24時間非常体制に悲壮な思い、あふれる」（여기는 독도！ 상황훈련 일사불란 - 동해5001함 EEZ침범대비 24시간 비상에 비장함 넘쳐）、2006年4月24日。

34）同上。なお「0900」とは午前9時を意味する。

35）同上。

36）同上。

37）同上。

38）第1章の注51を参照。

39）海洋警察庁・海洋警察学校編、『海洋警察実務　警備救難』、2009年、警安企画、202頁 - 203頁。

40）同上、203頁。

41）同上、202頁 - 204頁。

42）海洋警察庁・海洋警察学校編、『海洋警察実務　警備救難』、2003年、警安企画。目次部分を参照。

43）海洋警察庁編、『2011　国際海洋法　実務解説書』、2011年、66頁。なお、原資料は画質が悪く、残念ながら出版に適していなかった。それゆえ、ここで使用している図は原資料をもとに描き直したものである。より正確な理解を欲する読者は是非、原資料を確認されたい。ところで上記に掲載されている航跡図

には、誤記と思われる点が一か所ある。それゆえ筆者自身、以下資料をもとに、航跡図を修正している。東亜日報、「日韓衝突するか　日本、「拿捕等、物理力行使はしないだろう」（한일 충돌하나 일 나포등 물리력 행사는 안할듯）」、2006年7月3日。以下、ホームページを参照（2020年11月22日閲覧）。
https://www.donga.com/news/Society/article/all/20060703/8325137/1
中央日報、「竹島海域調査　海洋2000号巡行中」、2006年7月4日。以下、ホームページを参照（2020年11月22日閲覧）。
https://news.joins.com/article/2343353

44）同上、65頁。実は、当該調査においては韓国側自身、竹島領海内でも調査を3か所実施したことを認めている。同上、65頁。しかし、海上保安庁の『海上保安レポート2007』も海洋警察庁の『2007海洋警察白書』もEEZを舞台になされた警備事案について説明しており、領海内における出来事については触れていない。海上保安庁編、『海上保安レポート2007』、2007年、21頁。海洋警察庁編、『2007海洋警察白書』、2007年、40頁 - 41頁。

45）海上保安庁編、『海上保安レポート　2007』、2007年、21頁。

46）同上。

47）同上、2頁。以下、ホームページを参照（2020年11月22日閲覧）。
https://www.kaiho.mlit.go.jp/info/books/report2007/topics/p002.html

48）海洋警察庁編、「海警、竹島海域の調査船、守った」（해경、독도해역　조사선　지켰다）、2006年7月5日、頁記載なし。

49）表2 - 3は以下資料に掲載されている。また以下2段落も以下資料に基づいて論じられている。海洋警察庁編、『2011　国際海洋法　実務解説書』、2011年、68頁。

50）海洋警察庁編、「最近二年間、大統領、長官指示事項および措置結果」（최근2년간 대통령 장관 지시사항 및 조치결과）、頁記載なし（1頁目）、年月日記載なし。以下も参照。海洋警察庁編、「戦力強化、日本と対等な水準」（전력강화 일본과 대등한 수준）、2006年6月24日。

51）海洋警察庁編、「安全できれいな希望の海」（안전하고 깨끗한 희망의 바다）、2007年5月22日、29頁。

52）同上、30頁。

53）海洋警察庁編、『艦艇・航空機等　獲得事業マニュアル』（함정・항공기등 획득사업 매뉴얼）、2008年、188頁。

54）海洋警察庁編、「第265回国会　農林海洋水産委員会　2007年度主要業務報告」、2007年、11頁。

55）同上。

56) 当段落は、以下資料に基づいて論じられている。海洋警察庁編、『艦艇・航空機等　獲得事業マニュアル』（함정・항공기등 획득사업 매뉴얼）、2008年、185頁。

57) 海洋警察庁編、『2007年度　主要業務計画』、2007年、26頁。なお、原資料は画質が悪く、残念ながら出版に適していなかった。それゆえ、ここで使用している図は原資料をもとに描き直したものである。より正確な理解を欲する読者は是非、原資料を確認されたい。なお、以下では原資料をそのまま使用しているので、それを参照して頂いても構わない。野中健一、「韓国政府から見た竹島の法的地位 - 国連海洋法条約上の「岩」から「島」への転換-（その2）」、海上保安大学校編、『海保大研究報告』、2016年、102頁。

58) 独島領土守護対策特別委員会編、『第18代国会　独島領土守護対策特別委員会活動経過報告書』、2009年、176頁。なお、原資料は画質が悪く、残念ながら出版に適していなかった。それゆえ、ここで使用している図は原資料をもとに描き直したものである。より正確な理解を欲する読者は是非、原資料を確認されたい。なお、以下では原資料をそのまま使用しているので、それを参照して頂いても構わない。野中健一、「韓国政府から見た竹島の法的地位 - 国連海洋法条約上の「岩」から「島」への転換-（その2）」、海上保安大学校編、『海保大研究報告』、2016年、103頁。

第3章　海洋科学技術院と水産科学院による調査活動

1) 韓国海洋科学技術院の以下、ホームページを参照（2020年6月25日閲覧）。なお写真題目は「独島海域を調査中である韓国海洋科学技術院の離於島（イオド）号」（독도 해역을 조사중인 한국해양과학기술원의 이어도호）。
https://iphoto.kiost.ac/www/selectPhotoInfoSearchView.do?key=849&photoInfoNo=130556&ctgryNo=&searchCnd=all&searchKrwd=%EC%9D%B4%EC%96%B4%EB%8F%84%ED%98%B8&searchPotogrfDeAt=&potogrfBgnde=&potogrfBgndeYear=1999&potogrfBgndeMonth=1&potogrfBgndeDay=1&potogrfEndde=&potogrfEnddeYear=2020&potogrfEnddeMonth=1&potogrfEnddeDay=1

2) 韓国海洋科学技術編、「研究船運航結果報告書」2016年5月9日、頁記載なし。

3) 国立水産科学院編、「独島の海、科学漁探でハタハタとイカを確認」（독도바다 과학어탐으로 도루묵과 오징어 확인）、2014年6月17日、頁記載なし。

4) 国会事務處編、「第252回国会　農林海洋水産委員会会議録　第4号」、2005年3月22日、3頁。国会事務處編、「第253回国会　統一外交通商委員会会議録　第2

号（付録）」、2005年4月19日、17頁。

5) 国会事務處編、「第252回国会　農林海洋水産委員会会議録　第4号」、2005年3月22日、2頁。

6) 韓国政府は、竹島における実効的支配強化をキーワードに、同島の近海調査を行った。ただ、ここで疑問も生じよう。三好正弘は、決定的期日以後になされた実効的支配の行為は法的に無意味である旨、論じているのである。竹島問題をめぐる決定的期日を1952年と捉えるか、あるいは1954年と捉えるかは別として、それ以後に取られた行為に法的な意味があるのかというわけである。ただ筆者自身、この指摘は傾聴に値すると考えるものの、韓国政府の言動を理解するうえであまり有効でないと考える。以下、筆者の考えを記しておきたい。

まず、韓国政府は竹島を占拠している側にある。彼等はそれを維持したいわけだが、その方策をすでに国会で論じている。「竹島問題が国際紛争対象になることを遮断しつつ、我々の実効的支配を継続する道だけが竹島の領有権保存のための最善の方策」なのである。そのうえで「持続的で平和的な国権行使（Continuous and peaceful display of state authority）が領有権の強固化のため、最も重要な要件」であるとも論じている。彼等の竹島政策を理解しようとする際、まずは以上の点を念頭に置いておきたい。

さて、日本政府は韓国政府に対し、竹島をめぐって抗議を行っている。それゆえ彼等としては外国政府からたびたび抗議を受け取りながらも、なお「持続的で平和的な国権行使」を行いたいわけである。そして彼等自身、この点に関し二点、説明しているのである。第一に、日本側の主張は一蹴しつつも、韓国側がそれに対し、公然と摩擦を惹起してはならないというのである。日韓が竹島問題をめぐって公然と主張を展開した場合、国際的に同地が紛争地域であるとの印象を与えるため、望ましくないと論じているのである。第二に、日韓間に領土紛争が存在しない根拠についてである。日本政府が竹島領有権をいくら主張したとしても、両国間に領土紛争はないと言える根拠は何か。この点について韓国政府は「日本が根拠のない主張（unfounded claim）をしている」ためだと言うのである。

結局、彼等が念頭においているのは第一に「国際社会が受ける印象」であり、第二に「unfounded claim」という理屈である。結局、このロジックにより、竹島は日本政府がいくら抗議しても紛争地域となり得ず、自らはこの問題で日本側との摩擦を顕在化させることを避け、そしてその間に「実効的支配の継続」、「持続的で平和的な国権行使」を志向することとなる。海洋調査活動は以上の整理を念頭に理解すべきである。本書は韓国が実際に繰り広げている海洋政策の理解を志向しているのであり、その国際法上の評価（たとえば三好が指摘している「対ブルガリア・ハンガリー・ルーマニア平和諸条約の解釈事件」への言及等）は別問題であると考えている。

ただ、ここで参考までに、韓国の国会でなされた議論を紹介しておきたい。1998年10月28日、朱鎭旴（チュジンウ）委員は竹島問題を取り上げた上で、決定的期日 - 同氏は1952年2月28日と指摘（1月28日の誤りだろうか - 筆者注） - 以後になされる実効的支配は「領有権判決のとき、全く考慮の対象にならない」と論じたことがある。ただ、韓国政府は委員の指摘を前にしても、決定的期日以後になされる行為の法的意味に対し、説明しなかった。

また、それ以外に韓国政府は、実効的支配に関する日本側の批判的見解に対し、明確な態度表明を行わなかったこともある。1996年5月17日、池田行彦外務大臣が衆議院で「竹島に施設を建設したとしても、国際法的に実効支配が確定するものでない」と発言した。これに対し、韓国政府は以下の見解を明らかにしたのである。

「1996年5月17日、池田外相の発言に対しては（すなわち、既述した上記発言に対しては-筆者注）、3月2日、バンコク首脳会談で両国首脳が竹島領有権問題と分離してEEZ交渉を推進することで合意する等、両国間に協力的な雰囲気が回復されている点を重視し、また、池田外相の発言が直接的な竹島領有権主張だと見ることができない点から、直接的な対応は自制（した - 筆者注）」

韓国政府は日韓首脳会談の成果等を念頭に、あえて日本側の発言に反応をしないとの立場を表明したのである。ただ、池田外務大臣の見解はこれで終わることはなかった。同年５月24日には大臣自身、竹島に対する韓国の行動に関し、以下のようにも論じているのである。

「国際法上実効的な支配が確立するためには、国家活動が平穏かつ継続的に行われることが必要だ、こういうことになっておりまして、これは他国からたとえば抗議等があった場合には平穏かつ継続的に行われていることにはならない、こういうことでございますので、御承知のとおり、竹島の問題については機会あるごとに我が方は我が方の立場を申し入れておるわけでございますので、韓国のいわゆる実効的な支配が既に確立しているとかあるいは確立するということはない、こういうふうに考えるところでございます」

結局、日韓両政府は異なる主張をしているのである。日本政府は機会あるごとに韓国政府に抗議をしているため、竹島において、同国による「国家活動が平穏かつ継続的に行われている」とは言えないと論じている。一方、韓国政府は、日本側の抗議は「根拠のない主張」であるため竹島は紛争地域となっておらず、それゆえ今後とも「実効的支配の継続」、「持続的で平和的な国権行使」を追求し続けるという立場なのである（繰り返しとなるが、その国際法上の評価は別問題である）。そして、まさにこのロジックの上に彼等は諸々の竹島関連政策を実施しているのであり、本書が扱う海洋政策もその一部を構成しているわけである。

三好正弘、「竹島問題とクリティカル・デート」、島嶼資料センター編、『島嶼研究ジャーナル』（第3巻2号）、内外出版、2014年、28頁 - 49頁。国会事務處編、「1999年度　国政監査　統一外交通商委員会会議録（付録）　被監査機関　駐日本国大韓民国大使館」、1999年10月4日、10頁。国会事務處編、「第244回国会　統一外交通商委員会会議録　第2号（付録）」、2004年1月16日、6頁 - 7頁。国会事務處編、「1998年度　国政監査　農林海洋水産委員会会議録（付録）　被監査機関　海洋水産部」、1998年10月28日、61頁 - 62頁、123頁-127頁。国会事務處編、「第183回国会　統一外務委員会会議録　第5号（付録）」、1997年5月6日、4頁 - 5頁。衆議院編、「第百三十六回国会　衆議院　外務委員会　農林水産委員会　運輸委員会　科学技術委員会連合審査会議録　第一号」、1996年5月24日、8頁。

7) 当段落および以後三段落は、以下資料に基づいて論じられている。国会事務處編、「第252回国会　農林海洋水産委員会会議録　第4号」、2005年3月22日、2頁。

8) 新・日韓漁業協定はいくつかの特徴を有する。適用対象を日韓両国のEEZに定めていること。暫定水域を設けており、同水域内にあっては旗国主義をとり入れていること。日韓漁業共同委員会において相手国水域での操業条件等、協議、決定等を行うこと。なお、詳細は以下、ホームページを参照（2020年9月7日閲覧）。
https://www.jfa.maff.go.jp/sakaiminato/kantoku/gaiyo.html

9) 国会事務處編、「第252回国会　農林海洋水産委員会会議録　第4号」、2005年3月22日、5頁。なお「竹島の実効的支配強化方案」という用語は、同書4頁に出てくる。

10) 当段落は、以下資料に基づいて論じられている。韓国海洋研究所編、『独島生態系等基礎調査研究【最終報告書】』、2000年、13頁 - 20頁。

11) 当段落は、以下資料に基づいて論じられている。韓国海洋研究院編、『独島海

洋生態系調査研究（最終報告書）』、2005年、9頁 - 10頁。

12）韓国海洋研究所編、『独島生態系等基礎調査研究【最終報告書】』、2000年。

13）同上、1021頁。

14）同上、4頁 - 6頁。

15）同上、1031頁。広報戦略に関しては以下を参照。同上、958頁 - 966頁。

16）同上、1029頁。

17）同上、269頁。同上、12頁、80頁、323頁も参照。

18）同上、268頁。

19）同上、12頁、80頁、269頁、323頁。

20）同上、11頁、271頁 - 274頁、325頁 - 328頁。

21）同上、269頁。なお、原資料は画質が悪く、残念ながら出版に適していなかった。それゆえ、ここで使用している図は原資料をもとに描き直したものである。より正確な理解を欲する読者は是非、原資料を確認されたい。

22）当段落は、以下資料に基づいて論じられている。同上、iii頁。

23）同上、142頁 - 148頁。

24）同上、268頁。

25）同上、142頁。なお、原資料は画質が悪く、残念ながら出版に適していなかった。それゆえ、ここで使用している図は原資料をもとに描き直したものである。より正確な理解を欲する読者は是非、原資料を確認されたい。なお、以下では原資料をそのまま使用しているので、それを参照して頂いても構わない。野中健一、「韓国海洋科学技術院と国立水産科学院による竹島近海海洋調査」、海上保安大学校編、『海保大研究報告』、2018年、123頁。

26）韓国海洋研究所編、『独島生態系等基礎調査研究【最終報告書】』、2000年、145頁。なお、原資料は画質が悪く、残念ながら出版に適していなかった。それゆえ、ここで使用している図は原資料をもとに描き直したものである。より正確な理解を欲する読者は是非、原資料を確認されたい。なお、以下では原資料をそのまま使用しているので、それを参照して頂いても構わない。野中健一、「韓国海洋科学技術院と国立水産科学院による竹島近海海洋調査」、海上保安大学校編、『海保大研究報告』、2018年、123頁。

27）韓国海洋研究所編、『独島生態系等基礎調査研究【最終報告書】』、2000年、818頁。

28）同上。

29）同上、791頁。なお、原資料は画質が悪く、残念ながら出版に適していなかった。それゆえ、ここで使用している図は原資料をもとに描き直したものである。より正確な理解を欲する読者は是非、原資料を確認されたい。なお、以下では原資料をそのまま使用しているので、それを参照して頂いても構わない。野中健一、「韓国海洋科学技術院と国立水産科学院による竹島近海海洋調査」、海上保安大学校編、『海保大研究報告』、2018年、124頁。

30) 韓国海洋研究所編、『独島生態系等基礎調査研究【最終報告書】』、2000年、820頁。

31) 韓国海洋研究院編、『独島海洋生態系調査研究（最終報告書）』、2005年。実は同報告書において、一部、記述内容に疑念を抱かせるか所がある。同書、xiv頁において当該調査が「初めて政府主導」でなされた研究である旨、論じているのである。しかし、これは事実に反する。そもそも、この頁の記述内容は「第一次調査」のvi頁‐vii頁とほぼ同じであり、コピー&ペーストを連想させる。韓国海洋研究所編、『独島生態系等基礎調査研究【最終報告書】』、2000年、vi頁‐vii頁。

32) 韓国海洋研究院編、『独島海洋生態系調査研究（最終報告書）』、2005年、253頁。なお、原資料は画質が悪く、残念ながら出版に適していなかった。それゆえ、ここで使用している図は原資料をもとに描き直したものである。より正確な理解を欲する読者は是非、原資料を確認されたい。以下も参照。同上、111頁、213頁。

33) 同上、表紙。

34) 同上、頁記載なし（表紙を入れて2頁目。冒頭に「提出文」と表記してある）。

35) 韓国海洋研究所編、『独島生態系等基礎調査研究【最終報告書】』、2000年、頁記載なし（表紙を入れて2頁目。冒頭に「提出文」と表記してある）。

36) たとえば以下を参照。韓国海洋研究院編、『独島海洋生態系調査研究（最終報告書）』、2005年、vi頁、vii頁、ix頁。

37) 同上、285頁‐322頁。

38) 同上、234頁。

39) 同上。

40) 同上、236頁‐246頁。

41) 同上、3頁。なお、以下のような指摘も存在した。「竹島の一般現況に関する内容は現在、わが国が実効的に竹島を支配している事実を知らせることができる有用な広報資料で、竹島の位置、島の構成、地質および気候、行政区域、施設、住民等の現況に対するものにより構成され得る」同上、xiii頁。竹島に関する情報の取得、実効的支配強化策、広報はセットなのである。

42) 国会事務處編、「第253回国会　国会本会議会議録　第8号」、2005年4月26日、5頁。

43) 以下、ホームページを参照。

http://www.law.go.kr/LSW//lsInfoP.do?lsiSeq=68397&ancYd=20050518&ancNo=07497&efYd=20051119&nwJoYnInfo=N&efGubun=Y&chrClsCd=010202&ancYnChk=0#0000

44) 韓国海洋研究院編、『韓国海洋研究院　2007年年報』、2008年、27頁。なお、「竹島の持続可能な利用研究」は『2010年度海洋水産発展施行計画報告書』において、2009年度の実績を発表している。それによれば竹島周辺海域で50か所の定点調査を行ったという。観測定点が増大しているのである。教育科学技術部他編、『2010年度海洋水産発展施行計画報告書』、2010年、38頁。

45) 韓国海洋研究院編、『韓国海洋研究院　2007年年報』、2008年、107頁。なお、朴賛弘は日本と縁を有する人物でもあり、千葉大学で博士学位を取得している。韓国海洋研究院編、『韓国海洋研究院　2002年年報』、2003年、182頁。

46) 当段落は、以下資料に基づいて論じられている。姜武賢、『独島の持続可能な利用基本計画』（『독도의 지속가능한 이용 기본계획』）、2006年、1頁。

47) 姜武賢、『独島の持続可能な利用基本計画』（『독도의 지속가능한 이용 기본계획』）、2006年。

48) 同上、12頁。

49) たとえば2006年度の実際の予算額は30億7,200万ウォン、2007年度のそれは87億1,600万ウォンであった。国土海洋部編、『独島一般現況資料』、2008年、11頁。また2006年度版から2008年度版の『海洋水産発展施行計画報告書』で使用されていた「5年間で342億5,000万ウォン」という表現も2009年度版、2010年度版では無くなっている。教育人的資源部他編、『海洋水産発展施行計画　2006施行計画報告書』、2006年、33頁‐34頁。教育人的資源部他編、『2007年度　海洋水産発展施行計画報告書』、2007年、34頁-35頁。教育科学技術部他編、『2008年度　海洋水産発展施行計画報告書』、2008年、33頁‐34頁。教育科学技術部他編、『2009年度　海洋水産発展施行計画報告書』、2009年、35頁-36頁。教育科学技術部他編、『2010年度　海洋水産発展施行計画報告書』、2010年、37頁-38頁。

50) 当段落および次段落は、以下資料に基づいて論じられている。姜武賢、『独島の持続可能な利用基本計画』（『독도의 지속가능한 이용 기본계획』）、2006年、3頁、8頁。以下も参照。国土海洋部編、『独島一般現況資料』、2008年、11頁。竹島の持続可能な利用計画における各プロジェクトの施行事業主体が記されている。海洋研究院が「海洋生態系、海水、地質等、自然環境調査および長期、短期モニタリング」および「竹島関連、持続可能な利用データベース構築」を担当している。

51) 姜武賢、『独島の持続可能な利用基本計画』（『독도의 지속가능한 이용 기본

계획』）、2006年、4頁。以下も参照。国土海洋部編、「独島一般現況資料」2008年、11頁。竹島の持続可能な利用計画における各プロジェクトの施行事業主体が記されている。国立水産科学院が「漁業実態および水産資源調査」を担当している。

52）国立水産科学院編、『2006年度　国立水産科学院年報』、2007年、127頁。国立水産科学院編、『2008年度　国立水産科学院年報』、2009年、100頁。なお、当該時期の前後になされた竹島水産資源調査に関する説明も複数存在する。以下、一部を紹介したい。国立水産科学院編、『2002年度　国立水産科学院年報』、2003年、12頁。国立水産科学院編、『2005年度　国立水産科学院年報』、2006年、18頁‐19頁。国立水産科学院編、『2009年度　国立水産科学院年報』、2010年、25頁。

ところで国立水産科学院はその後、水産資源管理法に基づいて「竹島および深海生態系水産資源調査」を執り行う。以下、それを示す資料を一部紹介したい。国立水産科学院編、『2011年度　国立水産科学院年報』、2012年、19頁、92頁、96頁。国立水産科学院、『2012　国立水産科学院年報』、2013年、19頁、98頁、103頁。国立水産科学院編、『2013　国立水産科学院年報』、2014年、19頁、94頁。国立水産科学院編、『2014 国立水産科学院年報』、2015年、45頁、88頁、90頁。

ただし、これにより彼等が「竹島の持続可能な利用に関する施行計画」への関与をやめたわけでない。彼等はその後も同計画への資料提供を実施している。国立水産科学院編、『2013　国立水産科学院年報』、2014年、86頁。

なお、一点付言しておきたい。上記年報は年度により題目が若干異なる。各書籍の奥付でも確認できるが、2002年版、2012年版、2013年版、そして2014年版の題目には「年度」という表記が使用されておらず、2005年版、2006年版、2008年版、2009年版、そして2011年版の題目には「年度」という表記が使用されている。

53）広報事例として、以下数点を挙げておく。国立水産科学院編、「独島水産資源調査十年」、2014年8月11日。海洋水産部編、「独島の海の中の生態地図、初めて完成‐健康で美しい独島の海の中を一目で」（독도 바닷속 생태지도 최초 완성‐건강하고 아름다운 독도 바닷속을 한눈에）、2014年8月12日。国立水産科学院編、「独島の海　十年の間、どのように変わったか？」（독도바다 10년 동안 어떻게 변했나？）、2014年8月12日。

海洋水産部編、「海洋科学が明らかにした独島の秘密‐10年の独島研究結果『独島の秘密　科学で明かす』冊子発刊・配布」（해양과학이 밝혀낸 독도의 비밀‐10년 독도 연구결과 『독도의 비밀 과학으로 풀다』 책자 발간・배포）、

2017年3月29日。

54) 国立水産科学院による調査活動は、公船によってのみ実施されているわけでない。民間旅客船に自動観測装備を搭載して調査を実施したこともある。国立水産科学院編、『2013　国立水産科学院年報』、2014年、114頁。

なお、国立水産科学院は2013年5月、竹島（および離於島、西海五島）における海洋水産資源調査の強化を宣言した。その際、同院の研究企画部長は以下のように論じている。「最近、周辺国の海洋領土膨張の試みと世界各国の有用生物資源確保に対する先占競争が深まっており、海洋領土主権強化および実効的支配のため、海洋水産資源調査を持続的に強化していくだろう」。調査と実効的支配はセットなのである。国立水産科学院編、「わが国の海洋領土確立 - 離於島、独島、西海五島の海洋水産資源調査強化」（우리나라 해양영토주권 확립-이어도 독도 서해5도의 해양수산자원조사 강화）、2013年5月24日。

第4章　竹島（総合）海洋科学基地

1) 韓国政府は一度目の竹島基地建設事業のとき、「独島海洋科学基地」と呼称した。しかし二度目のときは「独島総合海洋科学基地」と呼称した。外交通商部他編、『99海洋開発施行計画』、1999年、263頁。教育科学技術部他編、『2012年度　海洋水産発展施行計画』、2012年、363頁。

さて、実は韓国政府自身、同基地を「東海(トンヘ)総合海洋科学基地」と呼称していたこともある（「東海(トンヘ)」は日本海の韓国式呼称）。そして、これが韓国で問題視されたのだった。2001年3月8日、鄭昌洙(チョンチャンス)国土海洋部第一次官が国会で竹島関連業務計画を報告している。この時、同氏は「東海総合海洋科学基地」の構築に言及した。事実、同日、国土海洋部が国会に提出した「2011年度独島関連業務計画報告」にも「東海総合海洋科学基地」という呼称が使用されていたのだった。これに具相燦(クサンチャン)委員が噛みついたのである。これを受けて国土海洋部は当該名称の使用理由として二点あげたのだった。第一に基地の観測範囲が竹島を通り越して、全日本海におよぶこと、そして第二に「東海」呼称を国際的に拡散させることである。ただ同年4月4日、具相燦委員が鄭鍾煥国土海洋部長官に対し、「独島総合海洋科学基地」呼称の使用を求め、長官も了承している。以後、呼称が「独島」基地に戻ることとなる。以上のような混乱はあったのだが、本書では「竹島」基地という表記で統一する。

国会事務處編、「第298回国会　独島領土守護対策特別委員会会議録　第7号」、2011年3月8日、8頁、11頁。国会事務處編、「第299回国会　独島領土守護対策特別委員会会議録　第8号」、2011年4月4日、10頁。国土海洋部編、「2011年度　独島関連業務計画報告」、2011年3月8日、4頁。

2) 外務部他編、『96海洋開発施行計画』、1996年、10頁。なお、国連海洋法条約の批准はその4日後の1月29日である。

3) 国土海洋部、「独島主要事業推進現況」、2011年6月23日、4頁。ところで当該図は読者の理解を図るため、「竹島総合海洋科学基地」等、一部、表記を付け加えられている。より正確な理解を欲する読者は是非、原資料を確認されたい。」

4) 海洋行政担当部署の変遷を簡単に指摘しておきたい。1948年、政府組織法が制定される。しかし海洋関連部署は各政府組織に分散していた。一方1955年、海務庁が新設された。これにより同庁が港湾、造船、水産、海洋警察業務を担当するようになったのである。ただ同庁は1961年に解体され、再び海洋行政は各政府部署でバラバラに行われるようになった。そのような状況下、1966年に水産庁が、そして1976年に港湾庁が新設される。そして1996年に海洋水産部が新設されたのである。

さて、この海洋水産部だが、従来存在してきた水産庁、海運港湾庁（旧・港湾庁）の機能をすべて移管した。また科学技術處からは海洋科学技術研究開発機能、農林部から水産政策および水産統計機能、通商産業部からは深海底鉱物等海洋資源開発機能、環境部から海洋環境保全および海洋環境研究調査機能、建設交通部から共有水面埋め立て管理機能、海難事件審判機能、水路機能、そして警察庁から海洋警察機能を受け取るようになった。なお、海洋警察機能は外庁（海洋警察庁）として移管されたのである。

ところで、同部はその後も組織改編を経験する。2008年、海洋水産部は廃止され、一部機能が国土海洋部に移管された。しかし2013年には組織の復活を果たしている。

国会事務處編、「第180回国会　農林海洋水産委員会会議録　第2号」、1996年8月20日、3頁‐4頁。国会事務處編、「第278回国会　国土海洋委員会会議録第1号」、2008年9月2日、4頁。国会事務處編、「第314回国会　農林畜産食品海洋水産委員会会議録　第4号」、2013年4月2日、2頁。

5) 当段落は、以下資料に基づいて論じられている。外交通商部他編、「99海洋開発施行計画」、1999年、10頁。

6) 当段落は、以下資料に基づいて論じられている。国会事務處編、「2000年度国政監査　農林海洋水産委員会会議録（付録）　被監査機関　海洋水産部」、2000年10月31日、94頁。

7) 当段落は、以下資料に基づいて論じられている。国会事務處編、「第180回国会農林海洋水産委員会会議録　第2号（付録）」1996年8月20日、28頁。国会事務

処編、「第183回国会　農林海洋水産委員会会議録　第6号」、1997年3月14日、54頁 - 55頁。

8) 以下、ホームページを参照（2020年9月8日閲覧）。
http://www.khoa.go.kr/kcom/cnt/selectContentsPage.do?cntId=51301050
なお、原資料は画質が悪く、残念ながら出版に適していなかった。それゆえ、ここで使用している図は原資料をもとに描き直したものである。より正確な理解を欲する読者は是非、原資料を確認されたい。

9) 当段落は、以下資料に基づいて論じられている。国会事務處編、「第183回国会　農林海洋水産委員会会議録　第6号」、1997年3月14日、54頁-55頁。

10) 国会事務處編、「第181回国会　農林海洋水産委員会会議録　第6号」、1996年11月7日、34頁。

11) 国会事務處編、「第181回国会　農林海洋水産委員会会議録　第6号（付録）」、1996年11月7日、7頁。

12) 国会事務處編、「第185回国会　農林海洋水産委員会会議録　第7号」、1997年10月31日、12頁、48頁 - 49頁。

13) 国会事務處編、「1998年度　国政監査　農林海洋水産委員会会議録（付録）被監査機関　海洋水産部」、1998年10月28日、84頁。

14) 同上、152頁。

15) 同上。当段落は、同資料に基づいて論じられている。

16) 同上。

17) 同上。なお、1999年に出版された『99海洋開発施行計画』でも同基地建設の期待効果として「観測資料をリアルタイムで全世界の使用者に提供することによって、竹島領有権問題が惹起されたとき、我々に有利な国際世論を造成」と論じていた。外交通商部他編、『99海洋開発施行計画』、1999年、263頁。

18) 国会事務處編、「1998年度　国政監査　農林海洋水産委員会会議録　被監査機関　海洋水産部」、1998年11月9日、61頁。

19) 国会事務處編、「1998年度　国政監査　農林海洋水産委員会会議録（付録）被監査機関　海洋水産部」、1998年11月9日、58頁。

20) 外交通商部他編、『99海洋開発施行計画』、1999年、263頁。

21) 外交通商部他編、『海洋開発基本計画　海洋韓国（OCEAN KOREA） 21』、2000年、3頁 - 4頁。

22) 国会事務處編、「2000年度　国政監査　農林海洋水産委員会会議録　被監査機関　海洋水産部」、2000年10月31日、53頁。

23) 国会事務處編、「2000年度　国政監査　農林海洋水産委員会会議録（付録）

被監査機関　海洋水産部」、2000年10月31日、94頁。

24) 国会事務處編、「第215回国会　農林海洋水産委員会会議録　第6号（付録）」、2000年11月28日、14頁。

25) 同上、46頁。

26) 独島領土守護対策特別委員会編、『第18代国会　独島領土守護対策特別委員会活動経過報告書』、2009年、41頁。

27) 国会事務處編、「第276回国会　国会本会議会議録　第2号」、2008年7月11日、1頁 - 2頁。

28) 国会事務處編、「第276回国会　国会本会議会議録　第7号」、2008年7月21日、7頁。

29) 国会事務處編、「第252回国会　農林海洋水産委員会会議録　第4号」、2005年3月22日、30頁 - 31頁。

30) 国会事務處編、「第252回国会　農林海洋水産委員会会議録　第4号（付録）」、2005年3月22日、7頁。

31) 国務総理訓令第517号、「政府合同独島領土管理対策団規定」、2008年8月4日制定。同令はその後、たびたび改正されている。本章では本文で扱っている時期を念頭に2008年8月4日に制定されたものを使用している。以下、ホームページを参照（2020年9月8日閲覧）。
http://www.law.go.kr/admRulLsInfoP.do?chrClsCd=010202&admRulSeq=10000088332

32) 対策団が「竹島海洋科学基地」を「領有権強固化事業」として推進していた点は以下資料に基づいて論じられている。政府合同独島領土管理対策団（国務総理室）編、「第299回国会（臨時会）独島領土守護対策特別委員会　懸案報告」、2011年4月4日、5頁。国会事務處編、「第315回国会　農林畜産食品海洋水産委員会会議録　第6号（付録）」、2013年5月3日、91頁。

33) 国務総理訓令第517号第3条第1項

34) 当段落は、以下資料に基づいて論じられている。独島領土守護対策特別委員会編、『第18代国会　独島領土守護対策特別委員会活動経過報告書』、2009年、144頁。

35) 同上、146頁。

36) 同上、156頁-157頁。なお、28個新規事業のうち、名称からは竹島領有権強固化策としての意義が分かりづらいものがある。たとえば「鬱陵一周道路の開通」や「沙洞港の二段階開発」がそれに該当するだろう。それゆえ、以下、その点を説明しておきたい。

　まず前者は鬱陵島内における未開通区間を整備することにより、竹島へのアクセス・インフラを構築することが事業目的となる。一方、後者は沙洞港（鬱陵島）に「大型旅客船等の接岸が可能な規模の埠頭を確保」し、観光客の竹島訪問を支援することが目的なのだが、ここで注目すべきは「等」の中身であろう。実は旅客船のほか、海軍（4200トン級）、海洋警察（5000トン級）の艦艇用の埠頭も建設するというのである。国土海洋部編、「独島主要事業推進現況」、2011年6月23日、7頁-10頁。

37）政府合同独島領土管理対策団（国務総理室）編、「第298回国会（臨時会）独島領土守護対策特別委員会　業務報告」、2011年3月8日、8頁。

38）教育科学技術部他編、『2008年度　海洋水産発展施行計画　報告書』、2008年6月、33頁 - 34頁。なお彼等自身、その前年の報告書から、竹島をめぐって「相反する意見」が存在することを認めている。教育人的資源部他編、『2007年度　海洋水産発展施行計画　報告書』、2007年6月、35頁。

39）教育科学技術部他編、『2008年度　海洋水産発展施行計画　報告書』、2008年6月、34頁。

40）同上。

41）教育科学技術部他編、『2009年度　海洋水産発展施行計画　報告書』、2009年6月、36頁。

42）同上。

43）教育科学技術部他編、『2010年度　海洋水産発展施行計画　報告書』、2010年6月、38頁。教育科学技術部他編、『2011年度　海洋水産発展施行計画　報告書』、2011年4月、352頁。教育科学技術部他編、『2012年度　海洋水産発展施行計画』、2012年6月、352頁。未来創造科学部他編、『2013年度　海洋水産発展施行計画』、2013年6月、332頁。未来創造科学部他編、『2014年度　海洋水産発展施行計画』、2014年6月、446頁。未来創造科学部他編、『2015年度　海洋水産発展施行計画』、2015年5月、436頁。未来創造科学部他編、『2016年度　海洋水産発展施行計画』、2016年6月、434頁。なお、2017年度以後は政府部内の対立に言及しなくなった。未来創造科学部他編、『2017年度　海洋水産発展施行計画』、2017年6月、437頁-438頁。科学技術情報通信部他編、『2018年度　海洋水産発展施行計画』、2018年6月、443頁 - 444頁。科学技術情報通信部他編、『2019年度　海洋水産発展施行計画』、2019年6月、431頁-432頁。科学技術情報通信部他編、『2020年度　海洋水産発展施行計画』、2020年3月、429頁-430頁。

44）韓国海洋研究院編、*KORDI Annual Report 2003*、2004年、196頁。

45）文化財委員会編、「2013年度　文化財委員会　第5次　天然記念物分化委員会

会議録」、2013年5月22日、頁記載なし（目次を参照、審議事項29）

46） 同上。文化財委員会編、「2010年度　文化財委員会　第8次　天然記念物　分化委員会　会議録」、2010年8月25日、78頁。当段落は、同資料に基づいて論じられている。

47） 外交通商部編、「日本、中学校教科書検定結果関連　懸案報告」、2011年4月4日、1頁。

48） 同上。

49） 同上、3頁。

50） 同上。

51） 同上。大統領、国務総理がそろって事業の継続、事業の着実な推進を指摘してしまったわけである。ここで、その後日談を指摘しておきたい。4月4日、韓国政府は国会に資料、報告書等を提出し、その中で（総合海洋科学基地建設を含む）竹島関連事業を説明したのである。資料は複数あるが、代表的なものとして以下を挙げることができるだろう。国土海洋部編、「独島関連事業　推進現況報告」、2011年4月4日、3頁 - 4頁。

ただ、事態はこれで終わらなかった。翌4月5日、佐々江賢一郎外務事務次官が権哲賢（クォンチョルヒョン）駐日韓国大使を招致して抗議している。日本政府は韓国政府が4月4日、国会に提出した資料を念頭に、総合海洋科学基地建設事業は日本政府として到底受け入れられず、計画の中止を求めたのだった。以下、ホームページを参照（2020年7月7日、閲覧）。

https://www.mofa.go.jp/mofaj/press/release/23/4/0405_01.html

ただ、これで彼等が計画を撤回するということはなく、同年6月23日、そして8月12日には国土海洋部自身、国会向けの報告書で「独島総合海洋科学基地構築事業」を説明している程である。国土海洋部編、「独島主要事業推進現況」、2011年6月23日、3頁-4頁。国土海洋部編、「独島主要事業推進現況」、2011年8月12日、3頁-4頁。対日配慮から基地建設を取りやめるという状況ではなかったのである。

52） 国土海洋部編、「独島関連事業　推進現況報告」、2011年4月4日、3頁。

53） 国会事務處編、「第302回国会　国土海洋委員会会議録　第1号」、2011年8月22日、12頁。

54） 同上。

55） 金星煥外交通商部長官と金政祐委員の間でなされた質疑応答の様子は以下を参照。国会事務處編、「第311回国会　国会本会議会議録　第5号」、2012年9月7日、69頁 - 70頁。

56) 正確には「政府合同竹島（独島）領土管理対策団」である。
57) 国会事務處編、「第311回国会　国土海洋委員会会議録　第4号（付録）」、2012年11月5日、110頁。
58) 同上、71頁 - 72頁、110頁 - 111頁、142頁 - 143頁、205頁、215頁、240頁 - 241頁、350頁、363頁 - 364頁、377頁、403頁、409頁、421頁。なお、当該時期も韓国政府は基地事業に対し「海洋を発展させるための基礎インフラであると同時に、国家的にとても象徴的な意味を持つ」と評していた。同上、409頁。本章で取り上げてきた議論を踏まえたとき、「国家的にとても象徴的な意味を持つ」との指摘は、領有権問題を念頭に置いたうえでの見解と捉えて良いだろう。
59) 当段落は、以下資料に基づいて論じられている。同上、409頁、421頁。
60) 同上、363頁 - 364頁。
61) 当段落および以下2段落は、以下資料に基づいて論じられている。文化財委員会編、「2013年度　文化財委員会　第5次　天然記念物分化委員会　会議録」、2013年5月22日、頁記載なし（目次を参照。審議事項29）。
62) 国会事務處編、「2013年度　国政監査　農林畜産食品海洋水産委員会会議録（付録）被監査機関　海洋水産部他」、2013年11月1日、13頁 - 14頁。なお、同法は以下、ホームページを参照（2020年9月8日閲覧）。
http://www.law.go.kr/lsInfoP.do?lsiSeq=122422&ancYd=20120126&ancNo=11228&efYd=20120727&nwJoYnInfo=N&efGubun=Y&chrClsCd=010202&ancYnChk=0#0000
同法はたびたび改正されているため、当該時期のものを参照している。
63) 文化財委員会編、「2010年度　文化財委員会　第8次　天然記念物　分化委員会会議録」、2010年8月25日、78頁。
64) 文化財委員会編、「2013年度　文化財委員会　第5次　天然記念物　分化委員会会議録」、2013年5月22日、頁記載なし（目次を参照。審議事項29）。国会事務處編、「2013年度　国政監査　農林畜産食品海洋水産委員会会議録（付録）被監査機関　海洋水産部他」、2013年11月1日、81頁。
65) 国会事務處編、「2013年度　国政監査　農林畜産食品海洋水産委員会会議録　被監査機関　海洋水産部他」、2013年11月1日、20頁。なお、李完九委員は「5月24日」に文化財管理委員会で否決された旨、論じているが、分化委員会では「5月22日」に否決している。
66) 国会事務處編、「2013年度　国政監査　農林畜産食品海洋水産委員会会議録（付録）　被監査機関　海洋水産部」、2013年10月15日、21頁。国会事務處編、「2013年度　国政監査　農林畜産食品海洋水産委員会会議録（付録）　被監査

機関　海洋水産部他」、2013年11月1日、13頁 - 14頁。

67）当段落は、以下資料に基づいて論じられている。国会事務處編、「2013年度国政監査　農林畜産食品海洋水産委員会会議録　被監査機関　海洋水産部他」、2013年11月1日、25頁。

68）国会事務處編、「第320回国会　農林畜産食品海洋水産委員会会議録　第11号（付録）」、2013年11月26日、428頁。

69）同上、427頁-428頁。

70）同上、428頁。

71）国会事務處編、「第322回国会　農林畜産食品海洋水産委員会会議録　第6号（付録）」、2014年3月4日、22頁。

72）同上、36頁。

73）国会事務處編、「第329回国会　農林畜産食品海洋水産委員会会議録　第9号（付録）」、2014年11月6日、783頁。

74）韓国海洋科学技術院編、『韓国海洋科学技術院　2016年　年報』、2017年、48頁。小青礁（ソチョンチョ）基地は小青島（ソチョンド）の南方に位置する。そして小青島こそ本章で取り上げた白翎島の近海（南方）に所在する。なお、図左側に示されている海洋科学基地は、上から小青礁基地、可居礁（カゴチョ）基地、離於島基地である。以下、その位置を記しておく。

　小青礁基地：北緯37度25分23秒　東経124度44分17秒

　可居礁基地：北緯33度56分33秒　東経124度35分35秒

　離於島基地：北緯32度7分23秒　東経124度10分57秒

国立海洋調査院編、『国家海洋観測網年間白書　（2019年）』、9頁、2020年。

75）気象庁の説明によれば「休火山」という用語自体、年代測定法の進歩等により、使用されなくなったようである。ここではあくまで文章表現として同用語を使用しているに過ぎない。以下、ホームページを参照。

https://www.jma.go.jp/jma/kishou/know/faq/faq8.html

第5章　海洋調査問題の再燃

1）外務省編、「韓国国立海洋調査院所属の海洋調査船「Hae Yang 2000」による海洋調査活動」、2017年5月17日。以下、ホームページを参照（2020年7月15日閲覧）

https://www.mofa.go.jp/mofaj/press/release/press4_004619.html

　外務省編、「韓国国立海洋調査院所属の海洋調査船「Hae Yang 2000」による海洋調査活動」、2017年5月18日。以下、ホームページを参照（2020年7月15日閲覧）

https://www.mofa.go.jp/mofaj/press/release/press4_004621.html

2）海上保安庁編、『海上保安レポート　2020』、2020年、27頁。

3）海上保安庁編、『海上保安レポート　2019』、2019年、16頁。

4）海上保安庁編、『海上保安レポート　2020』、2020年、27頁。

5）同上。

6）海上保安庁編、「韓国海洋調査船「HAE YANG(へ・ヤン)2000」の動静（5月17日～18日）」、出版年月日記載なし。以上の資料は新藤義孝国会議員のホームページで閲覧可能。以下、ホームページを参照（2020年7月15日閲覧）。

http://www.shindo.gr.jp/2017/05/0519_ryoudo

同ホームページの「韓国の海洋調査船について」のか所をクリックされたい。

なお、原資料は画質が悪く、残念ながら出版に適していなかった。それゆえ、ここで使用している図は原資料をもとに描き直したものである。より正確な理解を欲する読者は是非、原資料を確認されたい。

7）外務省編、「韓国国立海洋調査院所属の海洋調査船「Hae Yang 2000」による海洋調査活動」、2017年5月17日。注1で記されたホームページを参照。

外務省編、「韓国国立海洋調査院所属の海洋調査船「Hae Yang 2000」による海洋調査活動」、2017年5月18日。注1で記されたホームページを参照。

8）同上。

9）以下、ホームページを参照（2020年7月15日閲覧）

http://www.mofa.go.kr/www/brd/m_4078/view.do?seq=365145&srchFr=&srchTo=&srchWord=&srchTp=&multi_itm_seq=0&itm_seq_1=0&itm_seq_2=0&company_cd=&company_nm=

10）韓国の国会における2017年5月、6月の議論を以下、確認しよう。国会事務處編、「第351回国会　国会本会議会議録　第1号」、2017年5月29日、1頁-48頁。国会事務處編、「第351回国会　国会本会議会議録　第2号」、2017年5月31日、1頁-9頁。国会事務處編、「第351回国会　国会本会議会議録　第3号」、2017年6月12日、1頁 - 25頁。国会事務處編、「第351回国会　国会本会議会議録　第4号」、2017年6月22日、1頁-28頁。国会事務處編、「第351回国会　国会本会議会議録　第5号」、2017年6月27日、1頁-21頁。国会事務處編、「第351回国会　農林畜産食品海洋水産委員会会議録　第1号」、2017年6月7日、1頁-7頁。国会事務處編、「第351回国会　農林畜産食品海洋水産委員会会議録　第2号」、2017年6月14日、1頁 - 62頁。国会事務處編、「第351回国会　農林畜産食品海洋水産委員会会議録　第2号（付録）」、2017年6月14日、1頁-505頁。国会事務處編、「第351回国会　農林畜産食品海洋水産委員会会議録　第3号」、2017年6月15日、1頁-2

頁。国会事務處編、「第351回国会　農林畜産食品海洋水産委員会会議録　第4号」、2017年6月22日、1頁-2頁。国会事務處編、「第351回国会　農林畜産食品海洋水産委員会会議録　第5号」、2017年6月28日、1頁-73頁。国会事務處編、「第351回国会　農林畜産食品海洋水産委員会会議録　第5号（付録）」、2017年6月28日、1頁-609頁。国会事務處編、「第351回国会　農林畜産食品海洋水産委員会会議録　第6号」、2017年6月29日、1頁-2頁。国会事務處編、「第351回国会　外交統一委員会会議録　第1号」、2017年5月31日、1頁-2頁。国会事務處編、「第351回国会　外交統一委員会会議録　第2号」、2017年6月7日、1頁-112頁。国会事務處編、「第351回国会　外交統一委員会会議録　第2号（付録）」、2017年6月7日、1頁-76頁。国会事務處編、「第351回国会　外交統一委員会会議録　第3号」、2017年6月22日、1頁-6頁。国会事務處編、「第351回国会　外交統一委員会会議録　第4号」、2017年6月29日、1頁-76頁。国会事務處編、「第351回国会　外交統一委員会会議録　第4号（付録）」、2017年6月29日、1頁-36頁。

確かに上記で一部、竹島問題に触れるような議論は存在した。以下を参照されたい。国会事務處編、「第351回国会　農林畜産食品海洋水産委員会会議録　第2号」、2017年6月14日、4頁、5頁、21頁。国会事務處編、「第351回国会　農林畜産食品海洋水産委員会会議録　第2号（付録）」、2017年6月14日、49頁、50頁、273頁。国会事務處編、「第351回国会　外交統一委員会会議録　第2号」、2017年6月7日、64頁。しかし、いずれも2017年5月における特異行動確認事案を議論しているわけでない。

11）国会事務處編、「2017年度　国政監査　農林畜産食品海洋水産委員会会議録（付録）　被監査機関　海洋水産部」、2017年10月13日、10頁-11頁、504頁。国会事務處編、「2017年度　国政監査　農林畜産食品海洋水産委員会会議録　被監査機関　海洋警察庁・釜山（プサン）港湾公社・仁川（インチョン）港湾公社・蔚山（ウルサン）港湾公社・麗水光陽（ヨスクァンヤン）港湾公社」、2017年10月24日、27頁、74頁。国会事務處編、「2017年度　国政監査　農林畜産食品海洋水産委員会会議録（付録）　被監査機関　海洋警察庁・釜山港湾公社・仁川港湾公社・蔚山港湾公社・麗水光陽港湾公社」、2017年10月24日、12頁-13頁、276頁-278頁、534頁、609頁。

12）たとえば『海上保安レポート2003』では「国境を守る海上保安庁」を特集している。そこで同庁は「竹島周辺海域に、常時巡視船を配備し、竹島周辺海域の監視を行う」旨、論じている。海上保安庁編、『海上保安レポート2003』、2003年、34頁。

また、以下資料では「巡視船・航空機によるしょう戒」活動について言及している。海上保安庁編、「竹島周辺海域における海上保安庁の警備状況」、出版年月日記載なし。以上の資料は新藤義孝国会議員のホームページで閲覧可能。以下、ホームページを参照（2020年7月15日閲覧）

https://www.shindo.gr.jp/2019/02/20_ryoudo

13）国立海洋調査院の沿革を紹介したい。同院は1949年、海軍本部作戦局水路課として創設された。その後1953年、海軍水路局に昇格したものの、1963年には交通部水路局に組織再編されている。1994年には建設交通部水路局となるが、1996年、海洋水産部国立海洋調査院として再編された。なお、2008年には国土交通部国立海洋調査院に変わったのだが、2013年、再び海洋水産部国立海洋調査院となり、現在に至っている。以下、ホームページを参照（2020年7月15日閲覧）。

http://www.khoa.go.kr/kcom/cnt/selectContentsPage.do?cntId=25250000

ところで同院は、「海洋水産部とその所属機関職制（해양수산부와 그 소속기관 직제）」第4章第20条により職務が定められている。以下、本節で取り上げる事例（2017年5月）当時に記されていた職務を紹介したい。1.海洋調査、海洋観測資料の収集・分析・評価および海洋予報。2.水路測量、海図等、水路図書誌の刊行および航海安全に関する業務。3.海洋領土確定のための科学調査および東海（日本海の韓国式呼称 - 引用者注）等、海洋地名に関する業務。4.気候変化対応、海洋災難対策および海洋エネルギー開発支援。5.海軍作戦支援および海洋科学技術開発・研究に関する業務。6.ヨット等、海洋レジャー利用インフラ構築および海洋政策の支援。7.海洋調査装備の検定に関する業務。8.国家海洋観測網設置・運営・管理および海洋科学調査資料管理に関する業務。以上8点である。なお、2019年5月14日、新たに一点、職務が加わった。それが以下である。9.海洋衛星開発計画の樹立・施行および運営等に関する事項。

なお、以下が2017年5月8日施行の「海洋水産部とその所属機関職制」である（2020年7月15日閲覧）。

http://www.law.go.kr/lsInfoP.do?lsiSeq=193692&ancYd=20170508&ancNo=28021&efYd=20170508&nwJoYnInfo=N&efGubun=Y&chrClsCd=010202#0000

そして、以下が2019年5月14日施行の「海洋水産部とその所属機関職制」である（2020年7月15日閲覧）

http://www.law.go.kr/lsInfoP.do?lsiSeq=208672&ancYd=20190514&ancNo=29752&efYd=20190514&nwJoYnInfo=N&efGubun=Y&chrClsCd=010202#0000

14）当段落および前段落は以下資料に基づいて論じられている。国立海洋調査院編、『2017年　海洋調査技術年報』、2018年、30頁-32頁。

15）教育人的資源部他編、『海洋開発基本計画（Ocean Korea 21） 2001施行計画』、

2001年、198頁 - 199頁。

16）2000年度の調査では竹島関連の調査ラインとして「東海-鬱陵島-竹島特定観測線」と「浦項(ポハン)-竹島特定観測線」が存在した。彼等はそれぞれの線上において、12か所の観測定点を設定し、調査を実施している。なお、前者は東海市沖合から鬱陵島北部海域まで直線状に伸び、同海域において竹島方向（南東方向）に折れ曲がるような形状をしていた。さて、2001年度には調査ラインの名称を「東海-竹島特定観測線」、「竹島-蔚山特定観測線」に変更したものの、その始点、終点は前年度と変更が無く、それぞれの線上で12か所ずつ調査をするという手法にも変わりがなかった。この状況が2007年度まで続くのだが、翌年、事態に変化が生じる。「浦項-竹島特定観測線」で調査を実施した形跡がなくなるのである。さらに2009年度以後、「東海-竹島特定観測線」上においても調査を実施した形跡がなくなるのだった。

竹島調査が今一度確認されるのは2012年である。同年、新たに「東海-竹島横断線」「竹島-蔚山横断線」が設定されるのだった。それは前述の調査ラインと位置がほとんど変わらない。そして、それぞれのライン上において12か所ずつ定点を設定し、調査を実施したのである。実は翌年の2013年、線の名称が「東海-竹島ライン」、「竹島-蔚山ライン」と変更されるのだが、その位置はほとんど変わっていない。

さて2014年、再び調査に変更が生じる。ラインの位置も観測定点の数も変わってしまうのである。まず「東海-竹島ライン」においては10か所、「竹島-蔚山ライン」においては6か所の定点を設定し、調査を実施した。観測定点の減少である。さらに「東海-竹島ライン」に至ってはその形状そのものが変わってしまう。従来と異なり、東海市沖合から鬱陵島北部海域を突き抜ける形で直線状となっているのである。これはすなわち、竹島方向（南東方向）に折れ曲がることをやめたことを意味する。この調査形態が翌年の2015年も続けられたのである。

国立海洋調査院編、『2000年　水路技術年報』、2001年、頁記載なし（第2部　2000年度水路調査業務成果　Ⅲ．海流および定点海洋観測　1．海流および定点観測）（제2부 2000년도 수로조사업무성과 Ⅲ. 해류 및 정점해양관측 1. 해류 및 정점관측））。国立海洋調査院編、『2001年　水路技術年報』、2002年、頁記載なし（第2部　2001年度水路調査業務成果　Ⅲ．海流および定点海洋観測　1．海流および定点観測）（제2부 2001년도 수로조사업무성과 Ⅲ. 해류 및 정점해양관측 1. 해류 및 정점관측））。国立海洋調査院編、『2002年　水路技術年報』、頁記載なし（第2部　2002年度水路調査業務成果　Ⅲ．海流および定点海洋観測）（제2부 2002년도 수로조사업무성과 Ⅲ. 해류 및 정점해양관측））。国

立海洋調査院編、『2003年　水路技術年報』、2004年、一部頁記載なし（第2部　2003年度　水路調査業務成果　Ⅲ．海流および定点海洋観測）（제2부 2003년도 수로조사업무성과 Ⅲ. 해류 및 정점해양관측））。国立海洋調査院編、『2004年　海洋調査技術年報』、2005年、一部頁記載なし（第2部　2004年度水路調査業務成果　Ⅲ．海流および定点海洋観測（제2부 2004년도수로조사업무성과 Ⅲ. 해류 및 정점해양관측））。国立海洋調査院編、『2005年　海洋調査技術年報』、2006年、93頁-110頁。国立海洋調査院編、『2006年　海洋調査技術年報』、2007年、108頁-120頁。国立海洋調査院編、『2007年　海洋調査技術年報』、2008年、73頁-85頁。国立海洋調査院編、『2008年　海洋調査技術年報』、2009年、121頁-131頁。国立海洋調査院編、『2009年　海洋調査技術年報』、2010年、89頁-99頁。国立海洋調査院編、『2010　海洋調査技術年報』、2011年、46頁-56頁。国立海洋調査院編、『2011　海洋調査技術年報』、2012年、52頁-66頁。国立海洋調査院編、『2012　海洋調査技術年報』、2013年、頁記載なし（第1部　海洋観測　Ⅲ．海流および定点海洋観測（제1부 해양관측 Ⅲ.해류 및 정점해양관측））。国立海洋調査院編、『2013　海洋調査技術年報』、2014年、64頁-77頁。国立海洋調査院編、『2014年　海洋調査技術年報』、2015年、77頁-87頁。国立海洋調査院編、『2015年　海洋調査技術年報』、2016年、94頁-107頁。国立海洋調査院編、『2016年　海洋調査技術年報』、2017年、99頁-113頁。国立海洋調査院編、『2017年　海洋調査技術年報』、2018年、30頁-33頁。国立海洋調査院編、『2018年　海洋調査技術年報』、2019年、29頁-32頁。国立海洋調査院編、『2019年　海洋調査技術年報』、2020年、頁記載なし（第1部　海洋観測　Ⅲ．海流および定点海洋観測（제1부 해양관측 Ⅲ. 해류 및 정점해양관측））.

　なお、一点付言しておきたい。上記年報は年度により題目が若干異なる。2010年版から2013年版に限って、書名に「年」という表記が記されていないのである。

17）国立海洋調査院編、『2014年　海洋調査技術年報』、2015年、78頁-80頁。「東海 - 竹島ライン」の名称は2013年から存在していたが、形状が異なる観測ラインであった（注16を参照）。それ故、本章においては2014年以後の観測ラインに限定して論じている。国立海洋調査院編、『2013年　海洋調査技術年報』、2014年、65頁。

18）国立海洋調査院編、『国家海洋観測網年間白書（2014）2015.7（改訂版）』、2015年、282頁。

19）国立海洋調査院編、『国家海洋観測網年間白書（2016）』、2017年、279頁。

20）同上、277頁。

21）国立海洋調査院編、『国家海洋観測網年間白書（2017）』、2018年、336頁-337

頁、347頁-348頁、358頁-359頁、369頁-370頁。

22）国立海洋調査院編、「2017年度　日本海海域、定期海流調査完了-国立海洋調査院、ソウル大学海洋研究所と日本海の海水特性調査、完了！-」（2017년도동해해역 해류조사 완료 - 국립해양조사원, 서울대 해양연구소와 동해바다의 해수특성 조사 완료!」-）、2017年11月23日。ところで、同図は韓国の機関が作成したものであり、日本海を「동해（East Sea）」と表記している（「동해」とは「東海」を指す）。

なお、以下も参照。国立海洋調査院編、「2018年度　日本海海域　定期海流調査完了-国立海洋調査院、日本海の海水特性調査完了！-」（「2018년도　동해해역 정기 해류조사완료 - 국립해양조사원 동해바다의 해수특성 조사 완료！-」）、2018年11月15日。

両資料ともに調査定点を示す図が記されているが、両年とも同じか所で調査を実施している。具体的な調査位置は以下を参照。国立海洋調査院編、『国家海洋観測網年間白書（2017）』、2018年、325頁。国立海洋調査院編、『国家海洋観測網年間白書（2018）』、2019年、331頁。

23）国立海洋調査院編、『国家海洋観測網年間白書（2017）』、2018年、325頁。

24）国立海洋調査院編、『2014年　海洋調査技術年報』、2015年、77頁-81頁。国立海洋調査院編、『2015年　海洋調査技術年報』、2016年、94頁-98頁。国立海洋調査院編、『2016年　海洋調査技術年報』、2017年、100頁、102頁-104頁。国立海洋調査院編、『2017年　海洋調査技術年報』、2018年、30頁-31頁。国立海洋調査院編、『国家海洋観測網年間白書（2016）』、2017年、289頁、298頁、308頁、318頁。国立海洋調査院編、『国家海洋観測網年間白書（2017）』、2018年、336頁-337頁、347頁-348頁、358頁-359頁、369頁-370頁。

なお、上記資料に関して、一点付言しておきたい。『2014年　海洋調査技術年報』で取り上げられている説明には一部、疑問が残る。調査年として「2012年」を挙げたかと思えば、ほかのか所で「2013年」、あるいは「2014年」と表記しているのである（同書、77頁 - 78頁）。ただ、『2013　海洋調査技術年報』が2013年における調査を、そして『2015年　海洋調査技術年報』が2015年における調査を記載しているので、『2014年　海洋調査技術年報』は2014年における調査結果と捉えて良いだろう。

国立海洋調査院編、『2013　海洋調査技術年報』、2014年、64頁。国立海洋調査院編、『2015年　海洋調査技術年報』、2016年、94頁。なお、本章の注16で指摘したように、『2013　海洋調査技術年報』の題目には「年」が表記されず、『2014年　海洋調査技術年報』、『2015年　海洋調査技術年報』の題目には「年」が表記される。

25) 国立海洋調査院編、『2014年　海洋調査技術年報』、2015年、78頁。国立海洋調査院編、『2015年　海洋調査技術年報』、2016年、98頁。国立海洋調査院編、『2016年　海洋調査技術年報』、2017年、100頁。国立海洋調査院編、『2017年海洋調査技術年報』、2018年、30頁。

26) 海上保安庁編、『海上保安レポート　2018』、2018年、78頁。海上保安庁編、『海上保安レポート　2020』、2020年、27頁。前者において、2014年から2018年3月までの特異行動確認件数が記されている。一方、後者において、2015年から2019年までの特異行動確認件数が記されている。たとえば、2014年、2015年における韓国の特異行動はいずれも0件である。しかし、表5-2において確認できるように、いずれの年も「海洋2000号」が竹島近海で海流調査を実施していた。

なお、日本自身、竹島近海におけるわが国の同意を得ていない海洋の科学的調査を全く確認できていないわけでない。2016年に2件、2017年に2件確認している（ただし、その内の1件はロシア船籍である）。しかし、「海洋2000号」による事業は2017年に確認できた2件の内の1件に過ぎない。

外務省編、「韓国による竹島周辺の我が国の排他的経済水域における我が国の同意のない海洋の科学的調査」、2017年、頁記載なし。以上の資料は以下、ホームページで確認できる（2020年7月17日閲覧）。

https://www.shindo.gr.jp/2017/04/0419_ryoudo

海上保安庁編、「外国海洋調査船の特異行動状況（2015年～2019年）」、出版年月日記載なし、頁記載なし。以上の資料は新藤義孝国会議員のホームページで閲覧可能。以下、ホームページを参照（2020年7月17日閲覧）。

https://www.shindo.gr.jp/2019/02/20_ryoudo

なお海上保安庁の上記資料によれば、2017年1月4日に竹島近海で「異斯夫号」（韓国海洋科学技術院所属）の特異行動も確認している（それ故、2017年における特異行動確認件数は合計2件となる）しかし、（本文で後述するが）韓国側の資料ではそのような指摘はなく、2017年、竹島近海において海上保安庁が行った唯一の韓国船舶「妨害」事案は2017年5月の案件だけとされている。

朴完柱、「報道資料」、2019年10月3日。黄柱洪、「報道資料」、2019年10月21日。

上記2名はいずれも韓国の国会議員である。海洋水産部、海洋警察庁から提供を受けた竹島関連情報を報道資料という形式で公表した。

27) 朴完柱、「報道資料」、2019年10月3日。黄柱洪、「報道資料」、2019年10月21日。なお、この表を検討するとき、注意しなくてはならない点がある。この資料は海洋水産部と海洋警察庁、双方の情報をあわせたものであるという点である。そして、海洋水産部自身、同部と海洋警察庁では「妨害」ととらえる基準が異なる旨、黄柱洪委員に説明しているのである。海洋水産部は「海洋科学調査中、不当な呼び出しおよび放送等、実際に調査妨害が試みられた」事案を「妨害」ととらえ、それを委員に報告している。一方の海洋警察庁は「日本の巡視船が出現し、（同庁が - 筆者注）調査船を保護措置した」事案を「妨害」ととらえ、それを委員に報告していたのである。以上より海洋水産部、海洋警察庁、それぞれが異なる事象を報告していたことが分かるだろう。その点を念頭におかれた上で表を確認されたい。

国会事務處編、「2019年度　国政監査　農林畜産食品海洋水産委員会会議録（付録）　被監査機関　海洋水産部・海洋警察庁・釜山港湾公社・仁川港湾公社・麗水光陽港湾公社・蔚山港湾公社・海洋環境公団・韓国海洋交通安全公団・韓国水産資源公団・韓国海洋振興公社・水産業協同組合中央会・水協銀行・韓国船級」、2019年10月21日、139頁。

28）釜京大学校のカリキュラムには海洋観測乗船実習が組み込まれており、ナラ号を所有している。さて、同校は乗船実習の様子をホームページで紹介しているのだが、そこで「2018.03.06 - 03.30海洋観測乗船実習（釜山 - 竹島 - 鬱陵島 - 釜山）の写真です」（「2018.03.06 - 03.30해양관측승선실습（부산 - 독도 - 울릉도 - 부산）사진입니다」）との題目を掲げた画像を掲示している。2018年3月27日におけるナラ号確認事案は、乗船実習中の同号であった可能性がある。以下、ホームページを参照（2020年7月15日閲覧）

http://cms.pknu.ac.kr/oceaneng/view.do?no=4155

http://cms.pknu.ac.kr/oceaneng/view.do?no=4167&idx=194765&view=view&pageIndex=1&sv=&sw=

29）注26の後半部を確認。

30）内閣府編、『海洋基本計画』、2018年、56頁-59頁。

31）以下、ホームページを参照（2020年7月16日閲覧）。

https://www8.cao.go.jp/ocean/policies/mda/mda.html

32）内閣府編、『海洋基本計画』、2018年、56頁-59頁。

33）総合海洋政策本部編、「我が国における海洋状況把握（MDA）の能力強化に向けた今後の取組方針」、2018年、4頁。

34）朴完柱、「報道資料」、2019年10月3日。なお、表5-3で挙げられた事案数と表5-4で挙げられた回数は対比できない。表5-4はあくまで調査回数を表している。一方、表5-3は「妨害」事案の説明である。一度の調査において複数回「妨害」

を受けることは有り得る。事実、表5-3の事案を確認してみると、同じ調査船が近い日にちに「妨害」を受けている。

35）国会事務処編、「2019年度　国政監査　農林畜産食品海洋水産委員会会議録（付録）　被監査機関　海洋水産部・海洋警察庁・釜山港湾公社・仁川港湾公社・麗水光陽港湾公社・蔚山港湾公社・海洋環境公団・韓国海洋交通安全公団・韓国水産資源公団・韓国海洋振興公社・水産業協同組合中央会・水協銀行・韓国船級」、2019年10月21日、138頁。

36）海上保安庁、「外国海洋調査船の特異行動状況（2015年～2019年）」、出版年月日記載なし。以上の資料は新藤義孝国会議員のホームページで閲覧可能。以下、ホームページを参照（2020年7月16日閲覧）。

https://www.shindo.gr.jp/2019/02/20_ryoudo

なお、当該案件に関しては2019年2月19日、内閣官房長官記者会見でも取り上げられている。以下、ホームページの動画（4分44秒 - 5分55秒）を参照（2020年7月16日閲覧）。

https://www.kantei.go.jp/jp/tyoukanpress/201902/19_a.html

ところで海上保安庁の上記資料では2019年2月15日から同月18日までの間、「探求21号」を確認した旨、発表している。しかし、これは韓国側の資料で記されている内容と一致しない。彼等の資料によれば「探求21号」自身、同年2月15日から同月16日の間、海上保安庁の「妨害」を受けている。ここまでは良いだろう。しかし、同月18日、別の調査船たる「探求3号」が海上保安庁の「妨害」を受けたと論じている。どちらも国立水産科学院の船艇だが、海上保安庁の資料では「探求3号」について触れておらず、むしろ同月18日まで継続して「探求21号」を確認していた旨、論じている。

37）黄柱洪、「報道資料」、2019年10月21日。

38）国会事務処編、「2019年度　国政監査　農林畜産食品海洋水産委員会会議録（付録）　被監査機関　海洋水産部・海洋警察庁・釜山港湾公社・仁川港湾公社・麗水光陽港湾公社・蔚山港湾公社・海洋環境公団・韓国海洋交通安全公団・韓国水産資源公団・韓国海洋振興公社・水産業協同組合中央会・水協銀行・韓国船級」、2019年10月21日、132頁。

39）国会事務処編、「2018年度　国政監査　農林畜産食品海洋水産委員会会議録（付録）　被監査機関　海洋水産部・海洋警察庁・釜山港湾公社・仁川港湾公社・蔚山港湾公社・麗水光陽港湾公社・海洋環境公団・韓国水産資源管理公団・船舶安全技術公団・韓国海洋水産研修院・韓国海洋科学技術院・韓国漁村漁港公団・水産業協同組合中央会・水協銀行」、 2018年10月29日、22頁 - 23頁。

40）同上、444頁。

41）国会事務處編、「2019年度　国政監査　農林畜産食品海洋水産委員会会議録　被監査機関　海洋水産部」、2019年10月4日、40頁。国会事務處編、「2019年度　国政監査　農林畜産食品海洋水産委員会会議録　被監査機関　海洋警察庁・釜山港湾公社・仁川港湾公社・麗水光陽港湾公社・蔚山港湾公社」2019年10月11日、23頁、37頁-39頁。国会事務處編、「2019年度　国政監査　農林畜産食品海洋水産委員会会議録（付録）　被監査機関　海洋警察庁・釜山港湾公社・仁川港湾公社・麗水光陽港湾公社・蔚山港湾公社」、2019年10月11日、37頁-40頁、112頁、151頁 - 152頁、155頁、193頁、244頁-245頁。国会事務處編、「2019年度　国政監査　農林畜産食品海洋水産委員会会議録（付録）　被監査機関　海洋水産部・海洋警察庁・釜山港湾公社・仁川港湾公社・麗水光陽港湾公社・蔚山港湾公社・海洋環境公団・韓国海洋交通安全公団・韓国水産資源公団・韓国海洋振興公社・水産業協同組合中央会・水協銀行・韓国船級」、2019年10月21日、131頁-133頁、138頁-139頁。

42）国会事務處編、「2019年度　国政監査　農林畜産食品海洋水産委員会会議録（付録）　被監査機関　海洋水産部・海洋警察庁・釜山港湾公社・仁川港湾公社・麗水光陽港湾公社・蔚山港湾公社・海洋環境公団・韓国海洋交通安全公団・韓国水産資源公団・韓国海洋振興公社・水産業協同組合中央会・水協銀行・韓国船級」、2019年10月21日、139頁。

43）同上。

44）海洋警察庁編、「海洋関係機関、海洋主権守護強化のため、力を集めた-24日、海洋警察と国立海洋調査院等、関係機関業務協約、締結」（해양관계기관　해양주권수호강화를 위해 힘을 모았다 - 24일 해양경찰청과 국립해양조사원 등 관계기관업무협약 체결 - ）、2019年7月24日、1頁 - 2頁。

45）同上。

46）同上。

第6章　本書の研究方法

1）以下、韓国海洋警察庁学会のホームページで論文検索が可能（2020年7月31日閲覧）
http://www.maritimepolice.kr/html/sub3_01.html

2）同上。

3）同上。

4）同上。一例として以下を参照。ト＝ギボム（도기범）、ハン＝ジェジン（한

재진）、チェ＝ジョンホ（최정호）、「不法操業中国漁船、処理過程の改善方案（불법조업 중국어선 처리과정의 개선방안）」、『韓国海洋警察学会報』（Vol.8 No.2）、2018年、115頁-135頁。

5）キム＝ウォンヒ（김원희）、「南シナ海仲裁判定と独島の法的地位に対する含意（남중국해 중재판정과 독도의 법적지위에 대한 함의）」、韓国海洋水産開発院編、『海洋政策研究』（Vol.31 No.2）、2016年、55頁‐100頁。なお、研究ではないものの、動向分析として日本政府による領土関連政策（もちろん、竹島を含む）が紹介されたこともある。韓国海洋水産開発院編、『KMI 動向分析』（Vol.71）、2018年。

6）なお、わが国における竹島周辺海域を扱った研究としては以下がある。坂元茂樹、「海洋境界画定と領土紛争‐竹島と尖閣諸島の影」、『国際問題』編集委員会編、『国際問題』（No.565）、日本国際問題研究所、2007年、15頁‐29頁。廣瀬肇、「平成18（2006）年4月、海上保安庁は竹島周辺海域の海底調査を実施しようとした。これに対し、韓国側が、だ捕さえも含むあらゆる手段を使ってもこれを阻止するといった姿勢を示し、警備艦18隻を出動させたという、竹島周辺海域をめぐる海洋調査問題で、竹島近海の状況が緊迫する可能性が生じ、最終的に外交的手段で解決された事例と、関連する諸問題」、『捜査研究』（2016年1月号）、東京法令出版、2016年、97頁‐108頁。

7）猪口孝、『政治学者のメチエ』、筑摩書房、1996年、272頁。

8）同上。

9）同上、274頁。

10）木宮正史、『国際政治のなかの韓国政治史』、山川出版社、2012年、8頁。

11）以下、地域研究コンソーシアムのホームページを参照（2020年7月31日閲覧）
http://www.jcas.jp/links/index.html

12）以下、地域研究コンソーシアムのホームページを参照（2020年7月31日閲覧）
http://www.jcas.jp/about/renkei.html
　なお、社会連携の対象として、政府も含まれている。以下、ホームページを参照（2020年7月31日閲覧）。
http://www.jcas.jp/about/renkei_gaikou.html

13）以下、地域研究コンソーシアムのホームページを参照（2020年7月31日閲覧）
http://www.jcas.jp/about/awards_2012result.html

14）西芳実、「災害・紛争と地域研究‐スマトラ沖地震・津波における現場で伝わる知」、地域研究コンソーシアム『地域研究』編集委員会編、『地域研究』（Vol.12 No.2）、昭和堂、2012年、184頁。

終　章

1）第2章、注26を参照。
2）以下ホームページを参照（2020年8月27日閲覧）
https://www.mofa.go.jp/mofaj/press/release/press4_008467.html

おわりに

1）国会事務處編、「第178回国会　統一外務委員会会議録　第2号」、1996年2月13日、15頁 - 16頁。
2）同上、39頁。
3）同上。
4）同上。
5）同上。
6）同上。なお、孔魯明長官は上記見解を表明した際、日本も同様に、竹島関連資料を隠しているとの認識を示した。ただ、そのような考えを抱くに至った根拠までは説明していない。
7）国会事務處編、「第278回国会　外交通商統一委員会会議録　第11号」、2008年11月13日、45頁 - 46頁。

【参考文献】

第1章　竹島近海の日韓EEZ境界

・野中健一、「韓国政府から見た竹島の法的地位-国連海洋法条約上の「岩」から「島」への転換-（その1）」、海上保安大学校編、『海保大研究報告』、2016年、49頁-78頁。
・野中健一、「韓国政府から見た竹島の法的地位-国連海洋法条約上の「岩」から「島」への転換-（その2）」、海上保安大学校編、『海保大研究報告』、2016年、87頁 - 116頁。

第2章　海洋警察庁による竹島警備

・野中健一、「海洋警察庁の装備拡張と組織改編」、海上保安大学校編、『海保大研究報告』、2009年、61頁-88頁。
・野中健一、「韓国海洋警備を取り巻く政治力学 - 大型警備艦30隻体制・海保6000トン級巡視艦対応・公船対策（その2）」、海上保安大学校編、『海保大研究報告』、2010年、59頁-86頁。
・野中健一、「韓国・海洋警察庁の竹島警備」、海上保安大学校編、『海保大研究報告』、2014年、125頁-159頁。
・野中健一、「韓国政府から見た竹島の法的地位 - 国連海洋法条約上の「岩」から「島」への転換-（その2）」、海上保安大学校編、『海保大研究報告』、2016年、87頁-116頁。

第3章　海洋科学技術院と水産科学院による調査活動

・野中健一、「韓国海洋科学技術院と国立水産科学院による竹島近海海洋調査」、海上保安大学校編、『海保大研究報告』、2018年、113頁 - 142頁。

第4章　竹島（総合）海洋科学基地

・野中健一、「韓国政府による竹島（総合）海洋科学基地建設意思に関する研究」、海上保安大学校編、『海保大研究報告』、2019年、83頁 - 112頁。

参考資料

資料1

韓国の外交当局はときとして、国会で緊急報告を行うことがある。突発的な外交上の課題が生じたとき、それに対する政府の立場、懸案事項、そして対策等を国会に説明するためである。

さて、本書は「竹島をめぐる韓国の海洋政策」を論じてきた。ここであえて、それを相対化するための視点を示したい。韓国の外交当局が行った竹島関連の緊急報告を整理した年表を提示したいのである。

当然のことながら、竹島問題は海洋政策に収斂するものでない。あくまでその一部を構成していると言うべきであり、それ以外の領域でも健在である。それゆえ、韓国の外交当局が竹島に関連して、いかなる懸念を抱いてきたのかを確認して頂きたい。そして、そのような大きな方向性の中で、本書が扱ってきた海洋政策が繰り広げられてきたことを確認してもらえればと考えるのである。

なお、年表の範囲だが、韓国が国連海洋法条約を批准した1996年1月から本資料執筆時現在の2020年9月とする。それでは以下、確認されたい。

韓国の外交当局が行った竹島関連の緊急報告

1996年2月13日	
報告者／件名	孔魯明（コン＝ノミョン）外務部長官／「日本の竹島領有権主張に関する件」
懸案事項	韓国政府が竹島に接岸施設の工事を行っていたところ、日本政府がこれを問題視したことについて。
主な対策	予定されていた日本の連立与党政調会長団の接見を取り消した旨、発表。そのほか、竹島における接岸施設工事を推進する立場を表明。
1997年5月6日	
報告者／件名	柳宗夏（ユ＝ジョンハ）外務部長官／「懸案報告」
懸案事項	日本政府とのEEZ境界画定交渉について。
主な対策	竹島が必ず韓国の排他的経済水域に入るよう配慮して、日本と交渉を行うことを表明。そのほか、日本が提示した暫定水域案では韓国の竹島領有権に影響を及ぼすと主張。そしてこの理由により同案に反対である旨、日本政府に伝えたことを説明。
1997年7月10日	
報告者／件名	柳宗夏外務部長官／「主要懸案報告」
懸案事項	日本政府との漁業交渉について。

主な対策	竹島領有権に関する立場を毀損してはならないとの考えを念頭に、日本との交渉に臨むことを表明。
1999年12月28日	
報告者／件名	洪淳瑛（ホン＝スンヨン）外交通商部長官／「竹島問題に関する懸案報告」
懸案事項	竹島に戸籍を移した日本人がいることについて。
主な対策	日本政府が戸籍登載を許容した点について強力に抗議。そのほか同国政府に対し、登載を取り消し、再発防止策を求める旨、口上書を伝達。また、韓国政府は竹島に対する実効的支配を強化することにより、同島の領有権を一層確固たるものとすることを表明。
2002年4月11日	
報告者／件名	崔成泓（チェ＝ソンホン）外交通商部長官／「日本国歴史教科書歪曲に関する報告」
懸案事項	日本の2003年度、高校歴史教科書の検定結果について。
主な対策	「竹島が日本の領土である」旨、記述されていたことを問題視。日本政府に対し、憂慮を表明。そのほか、竹島に対する実効的支配を強固とする旨、表明。
2005年3月21日	
報告者／件名	潘基文（パン＝ギムン）外交通商部長官／「竹島問題等懸案報告」
懸案事項	島根県が「竹島の日」を制定したことについて。
主な対策	韓国国民による竹島入島を事実上、全面許容する方向で入島制度を改善する。島根県と姉妹関係を結んでいた慶尚北道（キョンサンブクド）が断絶措置をとった旨、説明。また竹島領有権を積極的に強固化するほか、広報努力も強めるとの立場を表明。
2006年4月18日	
報告者／件名	潘基文外交通商部長官／「懸案報告」
懸案事項	日本側の竹島近海調査企図について。
主な対策	領有権問題に飛び火しないように留意して、EEZ境界問題の範囲内で対処する旨、表明。また日本の海洋調査活動に対しては、韓国の国内法、国際法により断固対処すると説明した。そのうえで、日本側が自ら調査を撤回するよう外交圧力を加えるとも表明している。なお竹島を「紛争地域」としてしまおうという日本側の試みに逆利用されないよう、感情的ではなく、冷徹に対応するとも表明。
2006年4月20日	
報告者／件名	柳明桓（ユ＝ミョンファン）外交通商部第一次官／「懸案報告」
懸案事項	日本側の竹島近海調査企図について。
主な対策	潘基文外交通商部長官が大島駐韓日本大使に、韓国政府の強力な対応方針を本国に伝達するよう求める。また、当該問題をEEZ境界画定問題ではなく、歴史歪曲の延長線上にあるものと認識しており、断固対応するほかないと

主な対策	も同大使に伝達した。そのほか、日本政府に竹島近海における探査行為を即刻撤回するよう求め、仮にこれを強行する場合、韓国の国内法、国際法に基づき、対処するほかないとも論じている。
2006年4月26日	
報告者／件名	柳明桓外交通商部第一次官／「懸案報告」
懸案事項	日本側の竹島近海調査の取りやめについて。
主な対策	今後、EEZ境界画定会談において、領土主権問題に対しては断固たる対応を行う旨、表明。また、日本政府に対し、韓国の竹島領有権に挑戦する行為は、日韓関係の破局的結果を招来するのみならず、国際社会における日本の地位低下をもたらすと指摘したうえで、自制を求めた。
2010年4月9日	
報告者／件名	柳明桓外交通商部長官／「懸案報告」
懸案事項	日本の小学校の教科書検定結果において、竹島を日本領と表示していたことについて。そのほか、『外交青書』において竹島を「日本固有の領土」と記述していることについて。
主な対策	スポークスマン声明を発表、また駐韓日本大使に抗議し、是正措置を要求した。また、日本の外務省に抗議、口上書を渡す。そのほか、竹島領有権を一層強固化するため、鬱陵島(ウルルンド)に竹島生態教育センターの設立、竹島観光資源化事業等の推進等を検討する。また、竹島領有権の根拠を強化するため、今後とも古地図や古文献等の資料を収集したり、国際法上の論理を開発したりしつつも、竹島が「国際紛争地域」化しないよう最大限努力する。
2011年4月12日	
報告者／件名	金星煥（キム＝ソンファン）外交通商部長官／「懸案報告」
懸案事項	日本における中学校社会科の教科書検定の結果において、竹島関連記述が悪化したことについて。
主な対策	スポークスマン名義で抗議声明。駐日韓国大使が外務省を訪問して抗議。総合海洋科学基地の建設等、竹島に対する領土主権行使措置を推進する。
2011年8月17日	
報告者／件名	金星煥外交通商部長官／「懸案報告」
懸案事項	日本政府が大韓航空による竹島上空飛行を問題視し、制裁が論じられた点について。そのほか、日本の議員が鬱陵島訪問を企図した点について。あわせて防衛白書が（昨年同様）竹島領有権を記述した点について。
主な対策	大韓航空の件に関しては、駐韓日本大使館に抗議し、制裁措置の撤回を要求した。また、議員の鬱陵島訪問に関しては、議員の入国を禁止する旨、表明している。そして防衛白書の件については駐韓日本公使を呼び、主張の撤回を要求した。以上の各措置のほか、韓国政府は領土主権行使措置を推進し、古資料の収集のほか、国際法上の論理を開発することにより、竹島が韓国領であるとの国際法上の根拠を強化していく旨、発表した。

2012年8月21日	
報告者／件名	金星煥外交通商部長官／「懸案報告」
懸案事項	李明博大統領の竹島訪問に対し、日本政府が駐韓日本大使を帰国させ、外相が韓国に抗議した点について。あわせて日本政府が国際司法裁判所への付託、および1965年度交換公文による調整を提案した点について。
主な対策	日本政府の提案は一顧の価値もないと主張。竹島の「紛争地域」化を防止しつつ、国際社会の中で竹島が韓国領であるとの認識を拡散させ、同島の領有権を一層確固としたものとする。
2015年5月4日	
報告者／件名	尹炳世（ユン＝ビョンセ）外交部長官／「懸案報告」
懸案事項	日米防衛協力のための指針が竹島に及ぼす影響について。
主な評価	島嶼防衛および奪還作戦は、日本に対する武力攻撃の発生を前提としている。それゆえ、竹島をめぐって日韓武力紛争が発生したとき、同指針が適用され得るとの憂慮は根拠がない旨、表明。
2019年7月30日	
報告者／件名	康京和（カン＝ギョンファ）外交部長官／「懸案報告」
懸案事項	ロシア空軍機が竹島領空を飛行したことについて。
主な対策	駐韓ロシア大使代理を呼び出し、深い遺憾を表明。そのほか、説明と謝罪、再発防止策も要求している。また外交部としても、再発防止策をロシア側と協議する旨、発表した。

【参考文献】

国会事務處編、「第178回国会　統一外務委員会会議録　第2号」、1996年2月13日、5頁 - 6頁。

国会事務處編、「第183回国会　統一外務委員会会議録　第5号」、1997年5月6日、26頁 - 28頁。

国会事務處編、「第184回国会　統一外務委員会会議録　第2号」、1997年7月10日、5頁 - 8頁。

国会事務處編、「第209回国会　統一外交通商委員会会議録　第1号」、1999年12月28日、1頁 - 2頁。

国会事務處編、「第229回国会　統一外交通商委員会（教育委員会と連席会議）会議録　第1号」、2002年4月11日、3頁 - 4頁。
（국회사무처편、「제229회국회 통일외교통상위원회 (교육위원회와연석회의) 회의록 제1호」2002年4月11日、3頁 - 4頁）

国会事務處編、「第252回国会　統一外交通商委員会会議録　第4号」、2005年3月21日、1頁 - 5頁。

国会事務處編、「第259回国会　統一外交通商委員会会議録　第2号」、2006年4月18日、1頁 - 5頁。

国会事務處編、「第259回国会　統一外交通商委員会会議録　第3号」、2006年4月20日、7頁 - 8頁。

国会事務處編、「第259回国会　統一外交通商委員会会議録　第4号」、2006年4月26日、2頁 - 3頁。

国会事務處編、「第289回国会　外交通商統一委員会会議録　第1号」、2010年4月9日、3頁 - 6頁。

国会事務處編、「第299回国会　外交通商統一委員会会議録　第2号」、2011年4月12日、27頁 - 30頁。

国会事務處編、「第302回国会　外交通商統一委員会会議録　第1号」、2011年8月17日、2頁 - 4頁。

国会事務處編、「第310回国会　外交通商統一委員会会議録　第1号」、2012年8月21日、2頁 - 4頁。

国会事務處編、「第332回国会　外交統一委員会会議録　第3号」、2015年5月4日、7頁 - 11頁。

国会事務處編、「第370回国会　外交統一委員会会議録　第1号」、2019年7月30日、2頁 - 3頁。

資料２

海洋警察庁の対日警備方針を整理してある資料を三点、紹介したい。それはいずれも本章で議論を展開する際、利用してきた資料でもある。その原文を最後に提示しておこう。

<table>
<tr><th>해양 2000호</th><th colspan="2">일본 측 예상 행동</th><th>우리 측 대응</th></tr>
<tr><td>탐사구역에 이르지 않고 단순 일본 측 주장 가상 EEZ만 진입</td><td colspan="2" rowspan="2">저강도 대응 (비무력적 대응) : 경고·퇴거요구</td><td rowspan="2">UN해양법협약 및 국제관습법상 보장된 항해의 자유를 명백히 침해하고 있음을 일본 측에 강력 경고</td></tr>
<tr><td>탐사구역에 도착하였으나 탐사 행위를 하지 않고 있는 경우</td></tr>
<tr><td rowspan="4">탐사구역에 도착하여 탐사 행위를 실행하고 있는 경우</td><td colspan="2">저강도 대응 (비무력적 대응) : 경고·퇴거요구</td><td>우리 EEZ 내에서의 정당한 해류관측 조사활동임을 주장하면서, 우리의 정당한 권리행사 방해행위에 대한 강력한 경고·퇴거요구</td></tr>
<tr><td rowspan="3">고도 대응 (무력적 대응)</td><td>밀어 내기</td><td>선도발 또는 맞대응 최대한 자제 (우리가 충격을 당하는 피해자가 되는 것이 국제여론이나 향후 외교관계에서 유리) ⇒ 인적/물적 피해 시 향후 국제법상 국가책임에 기한 보상요구 가능</td></tr>
<tr><td>경고 사격</td><td>공포탄에 의한 경고사격으로 맞대응(선도발금지)</td></tr>
<tr><td>위협 사격</td><td>위협사격은 곧 전쟁, 자위권 발동으로 총력전</td></tr>
</table>

資料2-1

出所：海洋警察庁編、『国際海洋法実務解説書』、2011年、68頁。

注：「海洋2000号」を日本からいかに守るか。同資料はこの点を整理している。なお第2章、表2-3に和訳（一部）を記載してある。合わせてそちらも再確認されたい。

상황구분		현장대응조치	적용법규	비고
접속수역 진입시도시	독도입도 목적 밝힐시	① 통신검색(항무망이용 항해목적 파악) ② 입도신고 여부 확인 ⇒미신고 시 회항요구 ③ 접속수역진입 시 나포가능 경고 ④ 정선·검색·나포 준비	- 영해 및 접속수역법 §5, §6, §6-2, §7 - 형법 §136, §144 - 출입국관리법 §11, §12, §99 - 문화재보호법 §33 - 문화재청 독도관리지침 §	
	독도입도 목적 은폐시	① 통신검색 (항무망이용 항해목적 파악) ② 동행감시 및 경고방송 지속 ③ 독도입도 시도 시 처벌 경고	- 영해 및 접속수역법 §5, §6, §6-2, §7 - 형법 §137 - 출입국관리법 §11, §12, §74, §93-3	
접속(영해)수역 진입시	독도입도 목적 밝힐시	① 정선·검색후 나포 ② 정선명령 불응 시 강제정선 시행	- 영해 및 접속수역법 §5, §6, §6-2, §7 - 형법 §136, §144 - 출입국관리법 §11, §12, §74, §93-3	
	독도입도 목적 은폐시	① 동행감시 및 경고방송 지속 ② 독도입도 시도 시 처벌가능 경고	- 영해 및 접속수역법 §5, §6, §6-2, §7 - 형법 §137 - 출입국관리법 §11, §12, §74, §93-3	
영해진입시·상륙기도시	독도입도 목적 밝힐시	① 정선·검색후 나포 ② 정선명령 불응 시 강제정선 시행	- 영해 및 접속수역법 §5, §6, §6-2, §7 - 형법 §136, §144 - 출입국관리법 §11, §12, §74, §93-3	
	독도입도 목적 은폐시	① 동행감시 및 경고방송 지속 ② 독도상륙기도 시 선박 나포 및 체포	- 영해 및 접속수역법 §5, §6, §6-2, §7 - 형법 §137 - 출입국관리법 §11, §12, §74, §93-3	
독도상륙시		① 선박 나포 및 상륙자 체포	- 영해 및 접속수역법 §5, §6, §6-2, §7 - 형법 §136, §137, §144 - 출입국관리법 §11, §12, §74, §93-3	독도경비대공조

資料2-2

出所：海洋警察庁編、『国際海洋法実務解説書』、2011年、72頁。

注：同資料は日本の私船による竹島領海進入等への対応方針を整理している。なお第2章、表2-2に和訳（一部）を記載してある。合わせてそちらも再確認されたい。

【 동해해양경찰서 】

1. 독 도 경 비 대 책

독도 해양 영토 주권확보를 위한 외국선박의 영해침범, 불법조업 등 국익 침해행위 방지 및 SAR수역내에서의 수난구호 임무 수행에 필요한 대책강구로 종합적 해상치안 확보

□ 방　　침

- O 일본 민간선박 등 독도 불법상륙 기도시, 일본 본토 출항시부터 적극감시 대응태세 유지
- O 일본 순시선 독도근해 출현시 근접감시 기동으로, 영해침입 절대방지
- O 울릉도 ↔ 독도 운항 여객선 근접호송으로 日순시선 등의 위해행위 방지
- O 해군. 독도경비대 등과 협력체제 구축, 해. 육. 공 입체적 합동작전체제 상시유지
- O 인접국간 RCC와 구난 협력체제 유지

□ 주요 경비대상

- **O 日순시선 동향감시 → 6. 23현재 35회 42일 출현**
  - ※ '04년도 출현 : 21회 22일 (전년대비 67%증가)
- **O 독도경유 여객선 4척 안전호송(씬플라워, 씨플라워, 한겨레호, 삼봉호)**
  - ※ 입도객 : '05. 6. 23현재 32, 647명(선회28, 185/입도4, 462명)
- **O 독도 영해 및 접속수역. 중간수역내 외국적 선박 감시단속**
  - ※ 일일평균 이동선박 약 12~15여척(외국조업선 없음)
- **O 북한. 러시아 해역등 동해 RCC관할을 초월한 광역 구난대응**
  - ※ '05년도 발해뗏목 조난 등 3건 발생 대응

資料2-3

2005年6月11日、日本の私船が竹島に向けて出港した。同資料は、その直後の2005年6月24日に海洋警察庁が作成し、そして後日公表した対日警備方針である。頁ごとに和訳を記載しておくので、確認されたい。なお、直訳すると分かりづらいか所もあるため、一部意訳を交えている。より正確な理解を欲する読者は原文を確認してもらいたい。

出所：海洋警察庁編、『署長会議資料』、2005年、38頁 - 40頁。

[和　訳]

【東海海洋警察署】

1.竹島警備対策

竹島海洋領土主権確保のため外国船舶の領海侵犯、不法操業等、国益侵害行為の防止およびSAR水域内での水難救護任務遂行に必要な対策の講究により、総合的な海上治安を確保。

□ 方　針

- ○ 日本の民間船舶等、竹島不法上陸企図時、日本本土出港時から積極監視対応態勢を維持。
- ○ 日本巡視船の竹島近海出現時、近接監視起動で、領海侵入を絶対防止。
- ○ 鬱陵島(ウルルンド)⇔竹島運航旅客船の近接護送により、日本の巡視船等の危害行為を防止。
- ○ 海軍、竹島警備隊等と協力体制構築。海、陸、空の立体的合同作戦体制の常時維持。
- ○ 隣接国間RCCと救難協力体制を維持。

□ 主要警備対象

- ○ 日本巡視船の動向監視→6.23現在、35回42日出現
  ※04年度出現：21回22日（前年比67％増加）
- ○ 竹島経由旅客船4隻を安全護送（サンフラワー、シーフラワー、ハンギョレ号、サムボン号）
  ※入島客：05.6.23現在、32,647名（旋回28,185名／入島4,462名）
- ○ 竹島領海および接続水域、暫定水域内における外国籍船舶の監視取締り
  ※一日平均移動船舶、約12から15隻あまり（外国操業船なし）
- ○ 北朝鮮、ロシア海域等、日本海RCC管轄を超えた広域救難への対応
  ※05年度、「渤海(パルへ)いかだ」遭難等、3件発生、対応

□ 경 비 대 책

○ 평상시 경비

▷ 3선 경비개념에 의거 배치 원칙 ◁

- 경비세력 배치 및 경비방법

▸제1선(전진탐색경비) : 부산3001(1503)함 등 독도 남동방 40M' 1척

→日순시선 등 항행선박에 대한 조기탐색 확인. 추적감시

▸제2선(영해선)중점경비 : 1000톤급 이상 1척

→탑재헬기이용, 해. 공입체적 순찰활동 강화로 영해 불법침범 방지

▸제3선(여객선 안전호송) : 500톤급 1척

→여객선 근접호송, 안전확보

※ 해군(118전대), 독도경비대와 합동 작전체제 유지

○ 日 고속 순시정 출현시 대응('05. 2회 출현)

- 5001함 경비시 : 탑재헬기 이용 조기탐색 및 감시
- 기타 함정경비시 : 해군(118전대)링스헬기 및 RIB하강 대응
- 야간 고속순시선 출현시 최단 접근점으로 전속행동, 확인 및 경계경비

○ 상황발생시 대응

▷ 4단계 (매뉴얼에 의거)별 작전 전개 ◁

- 실무 매뉴얼에 의한 단계별 대응으로 日우익선박 등 독도상륙 기도, 정보입수시부터 조기경보체제에 의한 탐색. 차단. 저지. 나포 활동의 체계적 대응

[和 訳]

□ 警備対策

○平常時警備

▷3線警備概念に依拠、配置原則◁

- 警備勢力配置および警備方法

▶第1線（前進探索警備）：釜山3001（1503）艦等、竹島南東方40マイルに1隻。

→日本の巡視船等、航行船舶に対する早期探索確認、追跡監視。

▶第2線（領海線）重点警備：1000トン級以上1隻。

→搭載ヘリを利用。海、空立体的巡察活動強化で領海不法侵犯を防止。

▶第3線（旅客船の安全護送）：500トン級1隻。

→旅客船の近接護送、安全確保。

※海軍（118戦隊）、竹島警備隊と合同作戦体制を維持。

○日本の高速巡視艇出現時の対応（05年　2回出現）

- 5001艦による警備時：搭載ヘリ利用。早期探索および監視。
- そのほかの艦艇警備時：海軍（118戦隊）リンクスヘリコプターおよびRIB（高速短艇）による下降対応。
- 夜間、高速巡視船出現時、最短接近点に全速行動。確認および警戒警備。

○状況発生時対応

▷4段階（マニュアルに依拠）別作戦展開◁

- 実務マニュアルによる段階別対応により、日本の右翼船舶等の竹島上陸企図の情報入手時から、早期警報体制による探索、遮断、阻止、拿捕活動の体系的対応をとる。

- 대응세력 : 함정6척, 항공기4대, RIB 8대, 특공대 25명 등
  - ▸동해 : 5001, 1003, 503함, 964K, 968A, RIB 6대, 특공대 5명
  - ▸포항 : 1008, 507함, 966K, RIB 2대, 특공대 5명
  - ▸지원 : 부산3001(1503)함, 인천 챌린저, 속초특공대5, 인천특공대10명

  ※ 합동작전 참가기관 : 독도경비대37명(410R/S), 해군 초계함1척 및 P-3C기 1대

- 단계별 대응

  ▷ 경비세력 증강배치로 감시. 차단. 나포체제 유지 ◁

  - ▸1단계(전진탐색추적) : 40M' 권 3001(1503함), 30M' 헬기
    → 회항권유 및 영해침범시 나포고지 등 경고방송
  - ▸2단계(1차 저지경고) : 24M' 권 1008, 507함, 헬기2대
    → 항로차단 기동실시, 헬기 저공비행 하강풍 형성 속력저하 유도
  - ▸3단계(2차 차단저지) : 15M' 권 전세력. 밀어내기식 차단. 최후경고
    → 영해침범시 나포 최후고지 방송등 함정선수 횡단 고속기동
  - ▸4단계(나　　　포) : 채증자료 확보, 인원야기성 언행자제

  ※ 3단계 불응시 나포

- 나포시 처리
  - ▸기본방침 : 채증 등 조치후 강릉지청 공안검사 지휘의거 현장에서의 강제퇴거

    ※ NSC, 외교통상부 등 정부 특정방침 유할시 지시의거 동해 압송후 조사처리

  - ▸관계법규
    - ◦영해 및 접속수역법(제5조, 6조)→2년이하 징역, 1천만원이하 벌금
    - ◦출입국관리법 제7조, 제94조, 제99조(미수범)→3년이하 징역, 2천만원이하 벌금

[和　訳]

- 対応勢力：艦艇6隻、航空機4機、RIB８隻、特攻隊25名等。
  - ▶東海(トンへ)：5001、1003、503艦、964K、968A、RIB6隻、特攻隊5名。
  - ▶浦項(ポハン)：1008、507艦、966K、RIB2隻、特攻隊5名。
  - ▶支援：釜山(プサン)3001（1503）艦、仁川(インチョン)チャレンジャー、束草(ソクチョ)特攻隊5名、仁川(インチョン)特攻隊10名。

  ※合同作戦参加機関：竹島警備隊37名（410R／S）、海軍哨戒艦1隻およびP-3C、1機。

- 段階別対応

▷ 警備勢力増強配置で、監視、遮断、拿捕体制維持 ◁

▶1段階（前進探索追跡）：40マイル圏に3001（1503艦）。30マイル圏にヘリコプター。
→回航勧誘。領海侵犯時、拿捕告知等、警告放送を行う。

▶2段階（1次阻止警告）：24マイル圏に1008、507艦、ヘリコプターを2機。
→航路遮断、起動実施。ヘリコプターによる低空飛行で下降風を形成し、速力低下を誘導する。

▶3段階（2次遮断阻止）：15マイル圏、全勢力押し出し式遮断。最後の警告。
→領海侵犯時拿捕する旨、最後の告知放送等を行う。艦艇船首横断、高速起動。

▶4段階（拿捕）：採証資料確保。人員は怒鳴り散らすような言行を自制する。

※3段階で応じないとき、拿捕。

- 拿捕時の処理

▶基本方針：採証等の措置後、江陵(カンヌン)支庁公安検事の指揮に基づき、現場で強制退去。

※NSC、外交通商部等、政府による特定方針誘発時、指示に基づき、東海(トンへ)に押送後、調査処理を行う。

▶関係法規

○領海および接続水域法（第5条、6条）→2年以下の懲役、1,000万ウォン以下の罰金。

○出入国管理法第7条、第94条、第99条（未遂犯）→3年以下の懲役、2,000万ウォン以下の罰金。

索　　引

【欧文索引】 ＊和欧混合含む。

【和文索引】

（あ行）

（さ行）

（た行）

（な行）

（は行）

野中 健一 のなか けんいち

1996年：横浜市立大学商学部経済学科卒業

1998年：慶応義塾大学大学院法学研究科政治学専攻修士課程修了

2005年：慶応義塾大学大学院法学研究科政治学専攻後期博士課程単位取得退学

同年：慶応義塾大学グローバルセキュリティ研究所助手

2006年：島根県立大学北東アジア地域研究センター助手

2007年：海上保安大学校海上警察学講座講師

2009年：海上保安大学校海上警察学講座准教授

現在に至る

【主な研究業績】

「韓国政府から見た竹島の法的地位-国連海洋法条約上の「岩」から「島」への転換-（その1）」、海上保安大学校編、『海保大研究報告』、2016年、49頁-78頁。

「韓国政府から見た竹島の法的地位-国連海洋法条約上の「岩」から「島」への転換-（その2）」、海上保安大学校編、『海保大研究報告』、2016年、87頁-116頁。

「韓国海洋科学技術院と国立水産科学院による竹島近海海洋調査」、海上保安大学校編、『海保大研究報告』、2018年、113頁-142頁。

竹島をめぐる韓国の海洋政策

定価はカバーに表示してあります。

2021年1月18日　初版発行

著　者　野中健一

発行者　小川典子

印　刷　株式会社シナノ

製　本　東京美術紙工協業組合

発行所　株式会社　成山堂書店

〒160-0012　東京都新宿区南元町4番51　成山堂ビル

TEL:03（3357）5861　FAX:03（3357）5867

URL　http://www.seizando.jp

落丁・乱丁本はお取り換えいたしますので、小社営業チーム宛てにお送りください。

printed in Japan　ISBN978-4-425-91181-3

成山堂書店の図書案内

海難救助のプロフェッショナル
海上保安庁 特殊救難隊

「海上保安庁 特殊救難隊」編集委員会 編
第三管区海上保安本部 協力
A5 判　224 頁　定価 本体 2,000 円（税別）

「苦しい、疲れた、もうやめた、では人の命は救えない」海難救助のプロフェッショナル―折れない心を持つ、36 人の精鋭たちのドキュメンタリー。わずか５名という少数でスタートし、隊員たちが自ら訓練を工夫し、器材開発にも取り組み、数々の海難を経験しながら、現在の地位を確立した「特救隊」の奮闘の記録。

交通ブックス 215
海を守る海上保安庁 巡視船（改訂版）

邊見正和 著
四六判　232 頁　定価 本体 1,800 円（税別）

警備救難監まで務めた海上保安庁 OB が語る、海を現場とする「海上保安官の仕事」の全容。四面環海の日本で昼夜、休むことなく災害に備え、犯罪を取り締まり、海難事故に対応するという海上セキュリティーの第一線で活躍する保安官と巡視船の活動を臨場感あふれる記述で紹介する。

海洋法と船舶の通航（改訂版）

（財）日本海事センター 編
慶應義塾大学名誉教授 栗林忠男 監修
A5 判　242 頁　定価 本体 2600 円（税別

国連海洋法条約諸規定のうち、船舶の通航に関する規定を海域の区分ごとに解説した唯一の書。海賊、環境、EEZ、便宜置籍船等、近年注目の事項も多く取り入れ、歴史的経緯から最新事情までを網羅。航海実務に携わる船長、船員をはじめ海事関係者、海洋法の研究者や関心をもつ学生にとって役立つ良書。

海洋白書 2020

笹川平和財団 海洋政策研究所　編
A4 判・268 頁　定価 本体 2200 円（税別）

多方面にわたる海洋・沿岸域に関する出来事や活動を総合的・分野横断的に取り上げる「海洋白書」。最近の海洋をめぐる“日本の動き　世界の動き”を総合的な視点で整理・分析するとともに、新たな海洋政策の推進を多様な角度から提言する。毎年３月に最新の情報を網羅して新年度版を発行。

（2020.12 現在）